Heinz Geiger · Albert Klein · Jochen Vogt
Hilfsmittel und Arbeitstechniken der Literaturwissenschaft

Mary Gardiner
Tübingen '82

G000127398

Grundstudium Literaturwissenschaft
Hochschuldidaktische Arbeitsmaterialien

Herausgegeben von

Heinz Geiger, Albert Klein und Jochen Vogt unter Mitarbeit von
Bernhard Asmuth, Horst Belke, Luise Berg-Ehlers und Florian Vaßen

Band 2

Westdeutscher Verlag

Heinz Geiger · Albert Klein · Jochen Vogt

Hilfsmittel und Arbeitstechniken der Literaturwissenschaft

3. Auflage

Westdeutscher Verlag

2., neubearbeitete Auflage 1972
3. Auflage 1978

© 1976 Westdeutscher Verlag GmbH, Opladen
© 1971 Verlagsgruppe Bertelsmann GmbH / Bertelsmann Universitätsverlag,
Düsseldorf
Umschlaggestaltung: J. Seifert
Druck und Buchbinderei: Lengericher Handelsdruckerei, Lengerich/Westf.
ISBN 3-531-29272-2

Inhalt

I. Textkritik und Edition als Voraussetzung literaturwissenschaftlicher Arbeit

1. Warum Textkritik?

Von anderen Disziplinen unterscheidet sich die Literaturwissenschaft durch ihr doppeltes Verhältnis zum Buch, zur Literatur. Für den Literaturwissenschaftler sind Bücher, Zeitschriften und Zeitungen nicht nur unerläßliche Hilfsmittel der wissenschaftlichen Arbeit (Sekundärliteratur), sondern vor allem *Gegenstände* seiner Wissenschaft (Primärliteratur, Quellen). Er arbeitet nicht nur mit Hilfe der Sekundärliteratur, vielmehr sieht er im Buch, dem drucktechnisch fixierten Text, ein literaturwissenschaftlich relevantes Objekt.

Textveränderung als Fehlerquelle

Da solche Texte kunstvoll gebaute und somit (selbst in gedruckter Form) leicht veränderbare Gebilde sind, muß der wissenschaftlich-ästhetischen Beschäftigung mit ihnen eine *„textphilologische"* Überprüfung vorangehen. Zu prüfen ist dabei die Authentizität und Zuverlässigkeit eines Textes – was indes nicht heißt, daß der Studierende selbst im Einzelfall die Echtheit eines Textes anhand der Originalmanuskripte bzw. der verschiedenen Druckfassungen vergleichen müßte. Diese mühevolle Arbeit wird ihm in der Regel von der literaturwissenschaftlichen *„Textkritik"* abgenommen, die sich um solche Überprüfung und die *„Edition"* (Herausgabe) zuverlässiger Texte von Literaturwerken bemüht.

   Dem unbefangenen Leser wird die Forderung nach einer mit wissenschaftlicher Akribie besorgten Sicherung des authentischen Textes vielfach als überflüssige Pedanterie erscheinen. Ohne Zweifel erübrigt sich dieses Verfahren bei vielen Werken der modernen Literatur, deren Originalität durch eine sorgfältige Drucklegung von „renommierten"

Verlagen gewährleistet ist. Hier darf der Leser meist damit rechnen, einen zuverlässigen Text vor sich zu haben, der vom Verfasser selbst überprüft wurde.

Indes ist immer dann Vorsicht vonnöten, wenn Texte an entlegener Stelle erscheinen, sei es als Erst- oder Nachdruck. Besonders jeder Nachdruck birgt die Gefahr einer Textveränderung in sich, bei billigen Neuausgaben ist häufig Nachlässigkeit in der Wiedergabe des ursprünglichen Textes festzustellen. Die Gefahr der textlichen Veränderung wächst also mit der Überlieferungsgeschichte eines Textes; Unsicherheits- und Fehlerquellen führen zu oft erheblichen Textveränderungen, ebenso kann der Text im Laufe seiner Überlieferungsgeschichte von fremder Hand absichtlich verändert worden sein. Solche Fehler und Veränderungen auszuschließen und den authentischen Text wiederherzustellen, ist Aufgabe der Textkritik.

Beispiele für Textverderbnis

Angemessenes Verständnis, genaue Analyse eines literarischen Textes setzen dessen absolute Zuverlässigkeit voraus. Kleinste Abweichungen, Veränderungen des Wortlauts können eine veränderte Interpretation verlangen — wenn sie nicht ganz einfach das Verständnis eines Textes erschweren oder verzerren. Nicht immer ist das Feststellen etwa eines Druckfehlers so einfach und eindeutig wie im Vorwort zur ersten Auflage von *Ludwig Uhland*s Gedichten (1815), wo es heißt: „Leder (statt: „Lieder") sind wir, unser Vater/Schickt uns in die offne Welt . . ."

Weitaus schwieriger ist für den aufmerksamen Leser das Feststellen eines Fehlers, durch den ein Text einen anderen Sinn erhält, den nicht ohne weiteres seine Komik dekouvriert. Ein Beispiel: *Goethe*s Briefroman „Die Leiden des jungen Werthers" (Erstdruck 1774; Druck einer zweiten, von *Goethe* veränderten Fassung 1787) hat einen Handlungs- und Emotionshöhepunkt in der ersten Liebesszene zwischen Werther und Lotte. Ein ländliches Ballfest wird durch ein Gewitter unterbrochen. Nach dessen Abzug entdecken Lotte und Werther beim Anblick der Natur ein gemeinsames Empfinden. In der Erinnerung an *Klopstock* (seine Ode die „Frühlingsfeier" hatte Gewitter und folgende Erquickung hymnisch gestaltet) lassen sie sich von ähnlich gestimmten Gefühlen tragen.

In einer weit verbreiteten Taschenbuchausgabe von *Goethes* „Werther" lautet diese Stelle:

„Wir traten ans Fenster. Es donnerte abseitwärts, und der herrliche Regen säuselte auf das Land, und der erquickendste Wohlgeruch stieg in aller Fülle einer warmen Luft zu uns auf. Sie stand auf ihren Ellbogen gestützt; ihr Blick durchdrang die Gegend, sie sah gen Himmel und auf mich; ich sah ihr Auge tränenvoll, sie legte ihre Hand auf die meinige und sagte – Klopstock! – Ich erinnerte mich sogleich der herrlichen Ode, die ihr in Gedanken lag, und versank in dem Strome von Empfindungen, die sie in dieser Losung über mich ausgoß. Ich ertrug's nicht, beugte mich auf ihre Hand und küßte sie unter den wonnevollsten Tränen. *Und sah nach ihrem Auge nieder* –Edler! hättest du deine Vergötterung in diesem Blicke gesehn, und möchte ich nun deinen so oft entweihten Namen nie wieder nennen hören!"[1]

Einem genauen und logisch folgernden Beobachter wird auffallen, daß Werther, über die Hand der Geliebten geneigt, schwerlich zu deren Auge wird „nieder" blicken können – „hinauf" müßte es allenfalls heißen. Es entstehen Zweifel an der Zuverlässigkeit des abgedruckten Textes. Aufklärung kann ein Blick in die zuverlässigste wissenschaftliche *Goethe*-Edition bringen. In dieser sogenannten „Weimarer Ausgabe" (WA) oder „Sophien-Ausgabe"[2] liest sich die „Werther"-Stelle folgendermaßen:

„[. . .] Ich ertrug's nicht, neigte mich auf ihre Hand und küßte sie unter den wonnevollsten Thränen. Und sah nach ihrem Auge wieder – Edler! hättest du deine Vergötterung in diesem Blicke gesehn, und möcht' ich nun deinen so oft entweihten Namen nie wieder nennen hören."[3]

Damit ist die Fassung der Taschenbuch-Ausgabe („nieder") als „Textverderbnis" erkannt – denn die textkritischen Anmerkungen der Weimarer Ausgabe schließen die Möglichkeit aus, daß der abweichende

---

1   Johann Wolfgang von Goethe: Die Leiden des jungen Werthers. München 1958. S. 32 (=Goldmanns Gelbe Taschenbücher. Bd. 461) Hervorhebung nicht original.

2   So genannt nach dem Erscheinungsort Weimar bzw. nach der Großherzogin Sophie von Sachsen, die den Auftrag zu dieser Edition gegeben hatte.

3   Johann Wolfgang von Goethe: Werke. Hrsg. im Auftrag der Großherzogin Sophie von Sachsen. 19. Bd. Weimar 1899. S. 36.

Wortlaut auf *Goethes* Korrektur zurückgeht. Es handelt sich offenbar um einen Druckfehler, der irgendwann einmal in den Text geraten ist (der „Werther" war lange Zeit ein „Bestseller" und wurde in entsprechend vielen und manchmal sorglos edierten Ausgaben verbreitet). Besonders tückisch sind Druckfehler, die — wie im vorliegenden Fall — nicht auf den ersten Blick als solche zu erkennen sind, da sie einen (wenn auch falschen) Sinn ergeben. Sie werden besonders leicht aus einer Ausgabe in die nächste übernommen. Es zeigt sich also, wie ein einziger Buchstabe den Text entwerten bzw. sein Verständnis und seine Interpretation erschweren kann: die Rechtfertigung, ja Notwendigkeit textkritischer Arbeit ergibt sich daraus.

Geschichte der Textkritik

Die Literaturwissenschaft (speziell: die Germanistik) übernahm Begriff und Methoden der Textkritik in der ersten Hälfte des 19. Jahrhunderts von älteren Disziplinen, die sich um die Echtheit von „Quellentexten" sorgen mußten: von der Theologie und besonders von der Klassischen Philologie.

Die Klassische Philologie (Wissenschaft von griechischer und lateinischer Sprache und Literatur) hat es aufgrund ihrer besonderen Überlieferungslage nur mit sog. *Überlieferungsvarianten* zu tun. Es gibt keine Manuskripte aus der Entstehungszeit der Werke, vor allem keine *Autographen* (eigenhändige Mss.der Autoren). Die ältesten erhaltenen Handschriften sind Jahrhunderte, manchmal ein Jahrtausend jünger als die Werke selbst: in diesem Zeitraum wurde der Text durch eine Kette von verlorenen Abschriften oder auch nur mündlich überliefert. In beiden Fällen drangen zahlreiche Fehler (Hör-, Abschreibfehler) und bewußte Änderungen (z. B. Ersetzungen unverstandener oder mißliebiger Textpartien, auch Fortsetzungen, Erweiterungen) in den Text ein. Sie zu erkennen und zu beseitigen, ist Aufgabe der Textkritik.

Die Textkritik des Altphilologen zerfällt in zwei Phasen:
1. die *Recensio* (Musterung, Beurteilung)der vorliegenden Überlieferungsträger (z. B. Drucke, Handschriften) und ihrer voneinander abweichenden Lesarten;

2. die *Emendatio* (Reinigung, Verbesserung) von erkannten Textver-
   derbnissen. Neben der Vergleichung der vorliegenden Lesarten
   spielt dabei auch die mehr spekulative Methode der Konjektural-
   kritik eine Rolle, d. h. die logische Erschließung nicht überliefer-
   ter Lesarten (=Konjekturen).

Die frühe Germanistik des 19. Jahrhunderts legte großen Wert auf
textkritische Arbeit, vor allem an den mittelhochdeutschen Texten
(12./13. Jh.), denen ihr größtes Interesse galt. Ihre Überlieferungslage ist noch mit jener der Altphilologie verwandt, so daß deren Methoden übernommen werden konnten. Von den großen Werken des
Mittelhochdeutschen sind keine Autographen erhalten, aber eine
meist beträchtliche Zahl von (einige Jahrzehnte bis zwei Jahrhunderte)
jüngeren Handschriften. Aufgabe ist es, die authentische Form eines
Epos oder eines Liedes aus dem Studium der verschiedenen Manuskripte und ihrer gegenseitigen Abhängigkeit zu rekonstruieren; eine
Arbeit also, die durchaus detektivische Züge trägt und äußerste Ge-
nauigkeit, ja Pedanterie erfordert.
   Bahnbrechend waren die kritischen Editionen von *Karl Lachmann:*
DasNibelungenlied (1826); Die Lieder Walthers v. d. Vogelweide (1827).
Diese Ausgaben sind − in überarbeiteter Fassung − noch heute in Ge-
brauch und erscheinen zur Zeit in 6. bzw. 12. Auflage. Mit seiner
Lessing-Ausgabe von 1838/40 übertrug *Lachmann* die textkritische
Methode auf neuere deutsche Literaturwerke. Seither wurde auf die-
sem Gebiet eine beträchtliche Arbeit geleistet − dennoch fehlen zu
vielen wichtigen Autoren auch heute noch zuverlässige Ausgaben.

2. Kriterien und Methoden der Edition

Historisch-kritische Ausgaben

In der Edition einer solchen zuverlässigen Textausgabe gipfelt die textkritische Bemühung um ein Werk. Während aber die Altphilologien von
einer „kritischen Ausgabe" nur die Sicherung bzw. Herstellung eines

„kritischen", möglichst authentischen Textes erwarten, werden in den neueren Philologien an eine *„historisch-kritische Ausgabe"* zwei Anforderungen gestellt. Sie soll

1. einen *kritischen,* d. h. an den Manuskripten, Frühdrucken usw. überprüften, in Einzelheiten gebesserten und so dem Willen des Autors möglichst angenäherten Text bieten; und
2. Auskunft über die *historische* Veränderung des Wortlauts geben, soweit sie auf den Autor (Umarbeitungen usw.) zurückgeht (sog. primäre Textgeschichte oder Textgenese).

Unter diesem zweiten Aspekt erfüllt die historisch-kritische Ausgabe neuerer Literaturwerke

„neben der textsichernden auch eine interpretative Funktion. Dazu führte die Auffassung, daß nicht nur fertige, druckreife Manuskripte, sondern auch die in den Dichternachlässen zahlreich vorhandenen Vorstufen, Entwürfe, Zwischenfassungen, Fragmente u. ä. im weiteren Sinne zum Œuvre eines Dichters gehören, ja, daß durch die Rekonstruktion der über solche Handschriften laufenden Entstehung eines Werkes nicht unwesentlich zu seinem Verständnis beigetragen werden konnte".[4]

Überlieferungsträger und Siglen

Die Arbeit an einer historisch-kritischen Ausgabe muß von der spezifischen Überlieferungslage neuerer Literatur ausgehen. Die Überlieferung wird reicher als bei älteren Werken, aber oft auch verwikkelter. Als sog. *Zeugen* (Überlieferungsträger) sind in der Recensio zu berücksichtigen:

1. In direkter Überlieferung:
   a) Eigenhändige Niederschrift des Autors (im Apparat durch H bezeichnet), ebenso handschriftliche Korrekturen des Autors innerhalb von Drucken; auch Skizzen und Vorarbeiten;

---

4 Henning Boetius: Textkritik und Editionstheorie. Unveröff. Manuskript. S. 1. (Demnächst in: Heinz Ludwig Arnold u. Volker Sinemus (Hrsg.): Grundriß zur deutschen Sprach- und Literaturwissenschaft. München 1972.)

b) nicht eigene Niederschrift: Abschrift, Diktat (als h bezeichnet);
c) rechtmäßige Autordrucke;
d) unrechtmäßige Drucke (Raub- oder Nachdrucke);
e) Doppeldrucke (autorisiert oder nicht).
2. Indirekte Überlieferung durch Zitate bei anderen Autoren.

Die stark differierende Überlieferungslage verschiedener Texte macht unterschiedliche, „individuelle" Siglensysteme nötig. Mit einiger Verbindlichkeit werden jedoch in neueren Editionen folgende Siglen verwendet:

H^1, H^2, H^3 ... eigenhändige Niederschriften des Autors
(in chronologischer Folge numeriert)

h^1, h^2, h^3 ... Niederschriften von fremder Hand

D^1, D^2, D^3 ... rechtmäßige Drucke

D^a, D^b, D^c ... unrechtmäßige Drucke

D^α, D^β, D^γ ... Doppeldrucke

J (oder Z)^1, J^2, J^3... Drucke in Zeitschriften, Almanachen usw.

Varianten und textkritischer Apparat

Bei der Edition eines neueren Werkes wird, wie schon gesagt, die Darstellung der Textgeschichte wichtig: wenn sie bei antiken oder mittelhochdeutschen Texten nur Überlieferungsvarianten, d. h. Irrwege und Verderbnisse markieren kann (sekundäre Textgeschichte), so bezeichnet sie bei neueren Werken die *Entstehungsvarianten,* d. h. den schöpferischen Prozeß selbst, der sich in der allmählichen Vervollkommnung und Umgestaltung eines Manuskripts durch den Autor zeigt (primäre Textgeschichte).

So sind etwa schon auf *einem* Originalmanuskript mehrere Stufen sprachlicher Formung zu erkennen in Streichungen, Korrekturen usw.; von einem anderen Text mögen *mehrere* handschriftliche Fassungen existieren, die es nun chronologisch und damit textgeschichtlich zu ordnen gilt; schließlich kann der Dichter aus Anlaß einer Neuauflage auch einen schon gedruckten Text ändern. Von diesen *primären Varianten* müssen die manchmal sehr zahlreichen *sekundären Varianten* abgegrenzt werden, die als Druckfehler, Eingriffe eines

Herausgebers oder Druckers usw. den Text entstellen und oft von einer Ausgabe in die folgende überliefert werden. Um die verschiedenen Stufen sprachlicher Formung erkennen zu lassen, bietet eine historisch-kritische Ausgabe in der Regel zwei Teile:

1. den „kritischen Text" (vgl. oben) und
2. den sogenannten „kritischen Apparat", der alle „Lesarten", d. h. Textabweichungen aufweist, die sich in den verschiedenen Zeugen finden. Die Fundstelle der Lesart wird jeweils aus einer Abkürzung („Sigle") für den betreffenden Textzeugen erkenntlich.

Man kann nun, wenn man die Fassung des Textes durch die *Lesarten* (Varianten) eines bestimmten Zeugen ersetzt, dessen Wortlaut und damit eine bestimmte Schaffensstufe rekonstruieren und so einen anschaulichen Fassungsvergleich ermöglichen (vgl. das Beispiel unten S. 17f.). Im Laufe der textkritischen Arbeiten in der Germanistik entwickelte man dabei die von der Altphilologie entliehenen Methoden weiter und paßte sie den speziellen Erfordernissen an. Vor allem bemühte man sich, die erwähnten Formungsstufen eines Werkes klar und zusammenhängend hervortreten zu lassen, was bei der traditionellen Wort-für-Wort-Anordnung der Lesarten (so z. B. noch in der „Weimarer Goethe-Ausgabe", vgl. unten S. 18) nicht immer gewährleistet war. Auf dem Weg methodischer Vervollkommnung markieren die kritischen Ausgaben zu *Hölderlin, Grillparzer, C. F. Meyer* und *Trakl* wichtige Stationen. Bei der Herausgabe der Gedichte *C. F. Meyer*s etwa war darauf zu achten, daß die ungewöhnlich zahlreichen Fassungen klar zu erkennen und leicht miteinander zu vergleichen waren.

Die Frage, welchen Zeugen man dem kritischen Text einer Ausgabe zugrunde legt, welche von mehreren Fassungen also die „gültige" sein soll, wird heute meist zugunsten der *„Ausgabe letzter Hand"* entschieden, das ist die letzte vom Autor überwachte bzw. genehmigte Ausgabe. Damit akzeptiert man also alle Änderungen, die der Autor seit dem ersten Manuskriptentwurf an seinem Text vorgenommen hat. Manchmal freilich werden Jugendwerke von ihrem gealterten Autor in einer Weise bearbeitet, die den ursprünglichen Charakter entstellt. Zu fragen wäre, ob das einmal geschaffene Werk nicht einen Eigenwert gewinnt, der vor späteren Änderungen sogar des Urhebers bewahrt werden muß. Solche Überlegungen können dazu führen, einen kritischen Text u. U. nach dem Wortlaut der *Erstausgabe* (,,editio princeps") zu gestalten. Wenn es möglich (d. h. genügend Platz gegeben) ist, kann man bei gravierenden Fassungsunterschieden zum *Paralleldruck* übergehen, der den Vergleich besser gestattet als *ein* Text mit Lesartenapparat (vgl. das Beispiel unten S. 21). Spezialprobleme moderner Editionsarbeit sind schwer entzifferbare *Manuskripte* (etwa bei *Hölderlin, Trakl, Heym*) sowie die Herausgabe von *Nachlässen* (z. B. *Kafka*s Romane oder *Robert Musil*s ,,Mann ohne Eigenschaften", ein Romanfragment, bei dem die Anordnung einzelner Kapitel und Bruchstücke fraglich ist).

Studienausgaben

Für exakte wissenschaftliche Arbeit am literarischen Text sollte man nach Möglichkeit eine historisch-kritische Werkausgabe benutzen. Die Möglichkeit ist jedoch begrenzt: zu vielen wichtigen Autoren (*Heinrich von Kleist* sei nur als *ein* Beispiel genannt) gibt es (noch) keine derartigen Editionen. In solchen Fällen wird man auf die beste (vollständigste, zuverlässigste) vorliegende Ausgabe zurückgreifen müssen.

Will man sich dagegen auf breiter Basis in das Werk eines Autors ,,einlesen", so erweist sich die Handhabung der historisch-kritischen Ausgaben gerade wegen des textkritischen Beiwerks als unpraktisch: man wird, wenn man etwa *Goethe*s Romane kennenlernen will, sich primär für deren Handlung, Struktur, Sprachstil usw. interessieren und allenfalls später auf mögliche Textvarianten (Lesarten) achten. Für derartig umfassende Lektüre wird man also eine sogenannte *Studienausgabe* benutzen. Solche Editionen bieten ebenfalls einen kritisch geprüften Text, verzichten lediglich auf den Lesartenapparat.

So wird man also *Goethe*s Romane nicht in der (historisch-kritischen) ,,Weimarer Ausgabe", sondern vielleicht in der ,,Hamburger Ausgabe"[5] lesen – und muß die ,,WA" nur zu Rate ziehen, wenn die Frage nach Textvarianten bzw. Textzuverlässigkeit auftaucht. Die ,,Hamburger Ausgabe" – um bei diesem Beispiel zu bleiben – empfiehlt sich für Lektüre und literaturwissenschaftliche Alltagsarbeit

----

5 Goethes Werke. Hamburger Ausgabe in 14 Bänden. Hrsg. v. Erich Trunz. Hamburg 1948–60.

durch ihren Umfang (14 Bände gegen 147 der „Weimarer Ausgabe"),
durch die sachkundige Auswahl der wichtigsten Werke, durch ihren
relativ niedrigen Preis. Sie enthält einen kritisch revidierten und also
zuverlässigen Text sowie – gerade für den Studenten wichtig – einen
wissenschaftlichen *Kommentar,* d. h. fortlaufende Erläuterungen,
Wort- und Sacherklärungen, Interpretationshilfen zu allen Texten.

Als Textausgabe *ohne* Kommentar, die ebenso verläßlich wie preis-
wert ist, sei auch die „dtv-Gesamtausgabe" von *Goethe*s Werken genannt[6]. Ihr Text folgt dem Wortlaut einer weiteren wissenschaftlichen
Edition („Artemis-Ausgabe"). Für den Studierenden sind diese Ta-
schenbuchbände besonders geeignet.

Textmodernisierung

Als *Modernisierung* bezeichnet man die Gepflogenheit von Herausge-
bern und Verlagen, beim Neudruck älterer Literaturwerke deren
Sprachform und Schriftbild (insbesondere: Zeichensetzung und Recht-
schreibung) dem gegenwärtigen Sprachgebrauch anzugleichen, um die
Lektüre zu erleichtern. Modernisiert werden vor allem sogenannte
„Volksausgaben" und Texte für den Unterrichtsgebrauch. Unter didak-
tischem Aspekt erscheint es in der Tat gerechtfertigt, zusätzliche Er-
schwernisse der Rezeption – wie etwa eine veraltete Interpunktion –
zu beseitigen. In diesem Sinne würden z. B. die Schrägstriche (Virgeln)
in Barocktexten (vgl. unten S. 21 u. 28) durch Kommata ersetzt werden. In einem anderen Fall aber kann auch eine eigenwillige, ja inkor-
rekte Zeichensetzung so sehr individuelles Stilmerkmal sein (etwa bei
Kleist), daß ihre „Normalisierung" die Werksubstanz verletzen würde.
In keinem Fall darf die Lautgestalt (wichtig bei Reimen!) oder gar die
Wortwahl „modernisiert" werden.

6 Johann Wolfgang von Goethe: Sämtliche Werke (dtv-Gesamtausgabe).
    45 Bde. München 1961ff.

3. Beispiel eines kritischen Textes mit Lesartenapparat

Entnommen aus: Goethes Werke. Herausgegeben im Auftrage der Großherzogin
Sophie von Sachsen. 1. Band. Weimar 1887 (sogenannte Weimarer Ausgabe).

S. 16 [Text]   *Heidenröslein*

            Sah ein Knab' ein Röslein stehn,
            Röslein auf der Heiden,
            War so jung und morgenschön,
            Lief er schnell es nah zu sehn,
5   Sah's mit vielen Freuden.
            Röslein, Röslein, Röslein roth,
            Röslein auf der Heiden.

            Knabe sprach: ich breche dich,
            Röslein auf der Heiden!
10   Röslein sprach: ich steche dich,
            Daß du ewig denkst an mich,
            Und ich will's nicht leiden.
            Röslein, Röslein, Röslein roth,
            Röslein auf der Heiden.

15   Und der wilde Knabe brach
            's Röslein auf der Heiden;
            Röslein wehrte sich und stach,
            Half ihm doch kein Weh und Ach,
            Mußt' es eben leiden.
20   Röslein, Röslein, Röslein roth,
            Röslein auf der Heiden.

H^3 S 3 bloss die Überschrift *Heidenröschen* g^1 über dem Gedicht *Die Rettung.*

Erste Drucke: J: (Herder) Von deutscher Art und Kunst. Einige fliegende Blätter. Hamburg 1773 S 57 überschrieben: *Fabelliedchen.* J^1: (Herder) Volkslieder. Leipzig in der Weygandschen Buchhandlung 1779 2, 151 überschrieben: *Röschen auf der Heide* (Aus der mündlichen Sage. S 307.) S 8, 105 u. 106 zwischen *Der neue Amadis* und *Blinde Kuh.* A 1, 7 an jetziger Stelle.

1	Sah] Es sah' J J^1	2	Röslein] Ein Rößlein J
3–5	Er sah [Sah J^1] es war so frisch und schön		
	Und blieb stehn, es anzusehen [anzusehn J^1]		
	Und stand in süßen Freuden. J J^1		
8	Knabe] Der Knabe JJ^1	10	Röslein] Das Rößlein J
12	Daß ichs nicht will leiden JJ^1	15	Und] Jedoch J Doch J^1
16	's] Das JJ^1	17	Röslein] Das Rößlein J
*18	ihm] ihr S–B	19	Mußt'] Mußte S

18.19   Aber er vergaß darnach
        Beym Genuß das Leiden. JJ^1*

Die vorstehenden Angaben – kritischer Text und Lesartenapparat von *Goethe*s „Heidenröslein" – sind aus der „Weimarer Ausgabe" übernommen. Mit Hilfe der vermerkten Lesarten kann man nun frühere Fassungen bzw. Textstufen des Liedes rekonstruieren. Dazu ist allerdings die Kenntnis der Siglen der „WA" notwendig. Es bedeuten hier:

H^3	Ein Heft mit Gedichten von Goethes Hand.
J	J. G. Herder (Hrsg.): Von deutscher Art und Kunst. Einige fliegende Blätter. Hamburg 1773.
J^1	Ders. (Hrsg.): Volkslieder. Leipzig: Weygand 1779.
S	Goethe's Schriften. 8 Bde. Leipzig: Göschen 1787–90.
A	Goethe's Werke. 13 Bde. Tübingen: Cotta 1806–1810.
B	Goethe's Werke. 20 Bde. Stuttgart und Tübingen: Cotta 1815–1819.

Unerwähnt bleibt in diesem Apparat die folgende wichtige Ausgabe:

C   Goethe's Werke. Vollständige Ausgabe letzter Hand. 40 Bde. Stuttgart
         und Tübingen: Cotta 1827–30.

Diese Edition erscheint nicht im Lesartenapparat, weil ihre Fassung
des Liedes vom „Heidenröslein" mit dem obenstehenden kritischen
Text völlig übereinstimmt.

Will man nun z. B. den *Erstdruck* des Liedes in *Herder*s „fliegen-
den Blättern" rekonstruieren, so müssen Teile des kritischen Textes
durch die mit J bezeichneten Lesarten ersetzt werden, die der zweite
Teil des kritischen Apparats aufführt. Für die Lesarten gilt folgendes:
das Wort/ die Wörter vor der Winkelklammer (dem sog. *Lemma*-Zei-
chen) geben die Fassung des kritischen Textes, die Wörter hinter dem
Lemma-Zeichen notieren die Variante des betreffenden Zeugen. Zu
lesen wäre also für die erste Zeile: Statt „Sah" steht in den Zeugen
J und J[1] „Es sah'". Werden ganze Zeilen als Varianten verzeichnet,
so fehlen Lemma-Zeichen und Textfassung (vgl. Zeilen 3–5, 18/19).

Rekonstruiert man nach diesem Prinzip den Erstdruck J, so erhält
man folgenden Text:

Fabelliedchen

         Es sah' ein Knab' ein Röslein stehn,
         Ein Rößlein auf der Heiden,
         Er sah es war so frisch und schön
         Und blieb stehn, es anzusehen
5   Und stand in süßen Freuden.
         Röslein, Röslein, Röslein roth,
         Röslein auf der Heiden.

         Der Knabe sprach: ich breche dich,
         Röslein auf der Heiden!
10   Das Rößlein sprach: ich steche dich,
         Daß du ewig denkst an mich,
         Daß ichs nicht will leiden.
         Röslein, Röslein, Röslein roth,
         Röslein auf der Heiden.

<pre>
15   Jedoch der wilde Knabe brach
        Das Röslein auf der Heiden;
        Das Rößlein wehrte sich und stach,
        Aber er vergaß darnach
        Beym Genuß das Leiden.
20   Röslein, Röslein, Röslein roth,
        Röslein auf der Heiden.
</pre>

Die vergleichende Betrachtung der frühen Fassung J mit der späteren, die der kritische Text wiedergibt, läßt deutlich die zunehmende sprachliche Durchformung erkennen. Im einzelnen sind zu beobachten:

1. die Straffung und Vereinheitlichung des Metrums (Wegfall von tonschwachen Füllwörtern, Wegfall der vorherrschenden Auftaktsilben); damit zusammenhängend die archaisierende Verfremdung der Syntax (Artikellosigkeit, Spitzenstellung mehrerer Verben);
2. die Poetisierung der Sprache (V. 3) und Dynamisierung des Geschehens (V. 4);
3. die Veränderung der erotischen Untertöne (Wortspiel: ,,Röslein" als Blume und Mädchen; in Vers 19 statt ,,Genuß" fatalistisches ,,Mußt' es");
4. der Wegfall des Perspektivenwechsels (Knabe – Röslein) zwischen Vers 17 und 18.

Insgesamt ist zweifellos eine Ausdruckssteigerung, Intensivierung der Sprach- und Bildwirkung festzustellen, die sehr exakt aus den Änderungen des Wortlauts abgeleitet werden kann, die durch Textkritik aufgewiesen wurden. So führt textkritische Betrachtung zum genauen Verständnis des sprachschöpferischen Prozesses und der damit verbundenen poetischen Wertsteigerung. Vom Wortlaut her läßt sich nachweisen, *warum* die spätere Fassung gelungener, wirkungsvoller ist als die erste – wie also das elsässische Volkslied vom ,,Heidenröschen" zum bewußt geformten Kunstwerk wird: Textkritik führt hin zur sinngerechten Analyse und Wertung des Textes.

4. Beispiel eines Paralleldruckes von zwei Textfassungen

Entnommen aus: Andreas Gryphius: Sonette. Herausgegeben von Marian Szyrocki (Gesamtausgabe der deutschsprachigen Werke. Hrsg. von Marian Szyrocki und Hugh Powell. Bd. 1). Tübingen 1963.

S. 7f.   [Erstfassung]:

VANITAS, VANITATUM, ET OMNIA VANITAS.
Es ist alles gätz eytel.   Eccl. 1. V. 2.

ICh seh' wohin ich seh / nur Eitelkeit auff Erden /
    Was dieser heute bawt / reist jener morgen ein /
    Wo jtzt die Städte stehn so herrlich / hoch vnd fein /
Da wird in kurtzem gehn ein Hirt mit seinen Herden:
Was jtzt so prächtig blüht / wird bald zutretten werden:
    Der jtzt so pocht vnd trotzt / läst vbrig Asch vnd Bein /
    Nichts ist / daß auff der Welt könt vnvergänglich seyn /
Jtzt scheint des Glückes Sonn / bald donnerts mit beschwerden.
    Der Thaten Herrligkeit muß wie ein Traum vergehn:
    Solt denn die Wasserblaß / der leichte Mensch bestehn
Ach! was ist alles diß / was wir vor köstlich achten!
    Alß schlechte Nichtigkeit? als hew / staub / asch vnnd wind?
    Als eine Wiesenblum / die man nicht widerfind.
Noch wil / was ewig ist / kein einig Mensch betrachten!

S. 33f.   [Zweitfassung]:

    Es ist alles eitell.

DV sihst / wohin du sihst nur eitelkeit auff erden.
    Was dieser heute bawt / reist jener morgen ein:
    Wo itzund städte stehn / wird eine wiesen sein
Auff der ein schäffers kind wird spilen mitt den heerden.
Was itzund prächtig blüht sol bald zutretten werden.
    Was itzt so pocht vndt trotzt ist morgen asch vnd bein.
    Nichts ist das ewig sey / kein ertz kein marmorstein.
Jtz lacht das gluck vns an / bald donnern die beschwerden.
    Der hohen thaten ruhm mus wie ein traum vergehn.
    Soll den das spiell der zeitt / der leichte mensch bestehn.
Ach! was ist alles dis was wir für köstlich achten /
    Als schlechte nichtikeitt / als schaten staub vnd windt.
    Als eine wiesen blum / die man nicht wiederfindt.
Noch wil was ewig ist kein einig mensch betrachten.

Dieses Sonett liegt wie zahlreiche andere von *Andreas Gryphius* in zwei Fassungen vor: eine erste aus dem sogenannten „Lissaer Sonettbuch" von 1637[7], eine spätere, gedruckt 1643 im ersten Buch von *Gryphius'* gesammelten Sonetten[8].

Wäre man bei einer historisch-kritischen Edition nach dem Vorbild der Weimarer *Goethe*-Ausgabe vorgegangen, so hätte man die spätere Sonettfassung als kritischen Text darbieten, die erste aber in den Lesartenapparat verbannen müssen. Nun ist aber zu berücksichtigen, daß die erste Fassung in vielem eine originalere, ausdrucksstärkere Sprache verspüren läßt. Die zweite Fassung entstand, wie *Szyrocki* nachgewiesen hat[9], nicht aus individuellem Verbesserungsdrang des Autors, sondern vielmehr aus *Gryphius'* Bemühen, seine „jugendlichen" Sonette den recht starren ästhetischen Regeln und Konventionen der Zeit anzupassen. Diese Konventionen wurden von den „Poetiken", den Dichtungslehr- und -regelbüchern des Barock, genauestens aufgeführt. Die bedeutendste Poetik, auch für *Gryphius,* war das „Buch von der Deutschen Poeterey", das *Martin Opitz* 1624 veröffentlichte[10]. Dort werden im VII. Kapitel unschöne, unzulässige Sprach- und Reimformen getadelt: so die Auslassung eines Vokals am Wortende (Apokope) vor einem konsonantischen Anlaut (vgl. im Sonett, Vers 1: „Ich seh' wohin . . ."). Verpönt ist auch der reine „Zäsurreim", d. h. der Reim zwischen den Halbzeilen eines oder mehrerer Verse (vgl. Vers 3/4: „Wo jtzt die Städte stehn . . ." − „Da wird in kurtzem gehn . . ."). Um diese für den Zeitgeschmack offensichtlichen poetischen „Fehler" zu beseitigen, mußte *Gryphius* Wortlaut und Bildstruktur des Gedichtes beträchtlich ändern (vgl. Vers 1: 2. Person Singular statt 1. Person; Vers 3/4: ein völlig neues Bild). Man kann indessen darüber streiten, ob diese Änderungen auch nach dem Maß-

----

7 Andreae Gryphii Sonnete. Gedruckt zur Polnischen Lissa/ durch Wigandum Funck 1637. S. 14 f.
8 Andreae Gryphii Sonnete. Das erste Buch. Leiden den XX April dieses cI I cXLIII Jahres (das ist: 1643). (Bogenzählung: A 3v).
9 Vgl. Marian Szyrocki: Der junge Gryphius. Berlin 1959; sowie: M. S.: Andreas Gryphius. Tübingen 1964.
10 Martini Opitii Buch von der Deutschen Poeterey. In welchem alle ihre eigenschafft und zuegehör gründtlich erzehlet/ vnd mit exempeln außgeführt wird. Breslaw 1624. (Neudruck hrsg. von Richard Alewyn: Neudrucke deutscher Literaturwerke. Neue Folge. Bd. 8. Tübingen 1963.)

stab des heutigen Lesers noch eine Steigerung der poetischen Ausdruckskraft bewirken (wie es bei den Änderungen von *Goethes* „Heidenröslein" zweifellos der Fall war). Sehr wahrscheinlich wird vielen Lesern die erste Fassung des Sonetts ursprünglicher, bildkräftiger, eindrucksvoller erscheinen: besonders auch angesichts der idyllischen Verselbständigung von Vers 4, die den Vanitas-Gedanken des ganzen Gedichtes stört. Man wird also die spätere Veränderung des Autors nicht unbedingt oder jedenfalls nicht durchgehend als Verbesserung akzeptieren. In diesem Sinne ist es durchaus gerechtfertigt, daß der Herausgeber der Lyrikbände innerhalb der historisch-kritischen *Gryphius*-Ausgabe, *Marian Szyrocki,* sich zum Abdruck *beider* Fassungen entschlossen hat. Durch diese Technik des *Paralleldrucks* werden die Fassungen nicht in einzelne Lesarten auseinandergerissen, brauchen also auch nicht rekonstruiert zu werden, sondern können ohne viel Mühe miteinander verglichen werden. Daß die beiden Textfassungen in dieser Ausgabe nicht (wie es bei einem Paralleldruck im strengen Sinne sein müßte) auf zwei gegenüberliegenden Seiten abgedruckt sind, hängt damit zusammen, daß Szyrocki die größere lyrische Einheit, d. h. die sorgfältig komponierten Sonettbücher, innerhalb deren der einzelne Text jeweils erschien, nicht zerstören wollte. So werden das „Lissaer Sonettbuch" und das spätere „Erste Buch" der gesammelten Sonette geschlossen hintereinander wiedergegeben.

5. *Ermittlung von historisch-kritischen und Erstausgaben*

Der Student wird im Laufe seines Studiums kaum einmal zur selbständigen textkritischen Arbeit gezwungen sein — aber er sollte sich mit den Grundbegriffen und Methoden dieses Arbeitsgebietes immerhin soweit vertraut machen, daß er den philologischen Wert einer Ausgabe beurteilen oder mehrere Editionen gegeneinander abwägen kann. Dies allerdings ist eine Aufgabe, die sich im Studium häufig stellen kann, z. B. bei der Anfertigung einer schriftlichen Arbeit (Referat, Examensarbeit). Dabei sollte im Prinzip nur nach der zuverlässigsten existierenden Edition, sei es eine historisch-kritische, eine Gesamtausgabe, eine Ausgabe letzter Hand oder ein Erstdruck, zitiert werden. Leider sind viele Hochschulinstitute nur mangelhaft mit solchen Editionen versehen, so daß die Textbeschaffung zusätzliche Probleme mit sich bringt. Berücksichtigt man ferner, daß in den meisten Seminarveranstaltungen ein relativ preiswerter Arbeitstext (meist eine Taschenbuchausgabe) verwendet wird, so ist es wohl vertretbar, für Referate die Benutzung eben dieses Textes zu empfehlen. Auf diese Weise wird zugleich eine gewisse Einheitlichkeit in der Zitiertechnik verschiedener Referate erreicht, was wiederum die vergleichende Information erleichtert. Dennoch ist bei Taschenbuchausgaben Vorsicht geboten: es gibt sehr sorglos und sehr sorgfältig edierte Texte. Bedenkenlos kann man zum Taschenbuch greifen, wenn es dem Wortlaut einer kritisch geprüften Gesamtausgabe folgt (das gilt etwa für die Gesamtausgaben von Goethe, Schiller, Kleist und Hoffmann, die der Deutsche Taschenbuch Verlag (dtv) publiziert).

Für eine Examensarbeit oder Dissertation dagegen sollten ausnahmslos die zuverlässigsten, wenn möglich die kritischen Ausgaben verwendet werden. Über solche Ausgaben informiert

Paul Raabe: Quellenrepertorium zur neueren deutschen Literaturgeschichte. 2. Auflage. Stuttgart 1966. S. 49–58. (=Sammlung Metzler 74)

Will man dagegen den *Erst*druck eines Literaturwerkes ermitteln, so findet sich (nicht immer zuverlässige) Auskunft bei:

Gero von Wilpert und Adolf Gühring: Erstausgaben deutscher Dichtung. Eine Bibliographie zur deutschen Literatur 1600–1960. Stuttgart 1967.

Ergänzen und kontrollieren kann man den ,,Wilpert/Gühring" durch ein zweites ähnliches Handbuch:

Leopold Hirschberger: Der Taschengoedeke. Bibliographie deutscher Erstausgaben. Verbesserte Ausgabe. 2 Bde. München 1970.

Der ,,Taschengoedeke" benannt nach einem großen bibliographischen Sammelwerk (vgl. unten S. 49 f.), erfaßt den Zeitraum von 1650 bis 1900. Er führt Erst- und Gesamtausgaben an — darunter auch zahlreiche Titel der Trivialliteratur. Über Erstausgaben nach 1900 informiert demnächst ein weiteres Nachschlagewerk:

Ahnert: Deutsche Literatur in Erstausgaben 1870–1970. 3 Bde. München (1973).

Sollten diese bibliographischen Hilfsmittel einmal versagen (z. B. bei Autoren der Gegenwartsliteratur), so kann man aus neueren wissenschaftlichen Arbeiten über einen Autor leicht ersehen, welche Ausgabe seiner Werke von der Forschung im allgemeinen benutzt wird. Die Verwendung der gleichen Edition kann dann die eigene Arbeit wesentlich erleichtern.

Nach alldem sollte zum Abschluß aber betont werden, daß Textkritik und Edition bei aller Ernsthaftigkeit und bei allem Arbeitsaufwand, den sie erfordern, nicht Selbstzweck sind, sondern Vorbedingung und Vorbereitung der weiteren Beschäftigung mit einem Text. Gerade an diesem Punkt scheint übrigens die Berechtigung dafür zu liegen, mit Studierenden, ja Studienanfängern textkritisch zu arbeiten. Einerseits kann die literaturwissenschaftliche Aufgabenstellung bei textkritischen Übungen sehr präzise gefaßt werden — und erfordert präzise Antwort. Andererseits öffnen sich aus dem scheinbar engen Bereich der Textüberprüfung Perspektiven auf andere Bereiche und Kategorien der Literaturwissenschaft: auf Textinterpretation, Literaturgeschichte, Stilistik, Rhetorik u. a. So ist die textkritische Arbeit nur scheinbar eng begrenzt, verweist vielmehr auf das Ineinanderspielen zahlreicher literarischer und sprachlicher Faktoren und eignet sich so recht gut zur Einführung in die Fragestellungen der Literaturwissenschaft.

Literaturhinweise

Boetius, Henning: Textkritik und Editionstheorie. In: Heinz Ludwig Arnold u. Volker Sinemus: Grundriß zur Sprach- und Literaturwissenschaft. Bd. 1. München (1972).

Conrady, Karl Otto: Einführung in die Neuere deutsche Literaturwissenschaft. 4. Aufl. Reinbek 1968. S. 40– 43.

Friedrich, Wolf Hartmut u. Hans Zeller: Textkritik. In: W. H. F. u. Walther Killy (Hrsg.): Das Fischer Lexikon Literatur. Teil II. Bd. 2. Frankfurt am Main 1965. S. 549–563.

Martens, Gunter und Hans Zeller (Hrsg.): Texte und Varianten. Probleme ihrer Edition und Interpretation. München 1971.

Seiffert, Hans Werner: Untersuchungen zur Methode der Herausgabe deutscher Texte. Berlin 1963.

Windfuhr, Manfred: Die neugermanistische Edition. Zu den Grundsätzen kritischer Gesamtausgaben. In: DVjs 31 (1957) S. 425–442.

Zeller, Hans: Zur gegenwärtigen Aufgabe der Editionstechnik. In: Euphorion 52 (1958) S. 356–377.

Demnächst erscheint bei der Wissenschaftlichen Buchgesellschaft in Darmstadt:

ders.: Einführung in die Editionswissenschaft der neueren Literatur.

Arbeitsvorschläge

1. Weisen Sie in Martin Opitz' „Buch von der deutschen Poeterey"
   (bibliographische Daten: vgl. oben Anmerkung 10) die Regeln und
   Vorschriften nach (vor allem im VI. und VII. Kapitel), die Gryphius zur Änderung seines Sonetts „*Vanitas, Vanitatum, et Omnia
   Vanitas*" veranlaßt haben mögen.

2. Formen Sie den oben gegebenen Paralleldruck dieses Sonetts in
   einen kritischen Text mit Lesartenapparat um. Benutzen Sie die
   Siglen der Ausgabe von Szyrocki/Powell:

   Li   Andreae Gryphii Sonnete (Lissa 1637)

   B   Andreae Gryphii Sonnete. Das erste Buch (Leiden 1643)

3. Vergleichen Sie die aus der Gryphius-Ausgabe von Szyrocki/Powell
   (Band 1. Tübingen 1963. S. 8 f. und 34 f.) entnommenen Sonett-
   fassungen, und versuchen Sie, die Änderungen zu erklären.

S. 8 f.   [Erstfassung, 1637]:

> Der Welt Wollust ist nimer ohne Schmertzen.

KEin Frewd ist ohne Schmertz / Kein Wollust ohne Klagen /
    Kein Stand / kein Ort / kein Mensch / ist seines Creutzes frey /
    Wo schöne Rosen blühn / stehn scharffe Dorn darbey.
Wer aussen lacht / hat offt im Hertzen tausend Plagen /
Wer hoch in Ehren sitzt / muß hohe Sorgen tragen /
    Wer ist der Reichthumb acht / vnd loß von Kummer sey?
    Wer auch kein Kummer hat / fühlt doch / wie mancherley
Trawr Würmlin seine Seel vnnd matte Sinn durchnagen.
    Ich sag es offenbahr / so lang der Sonnen-Liecht
    Vom Himel hat bestralt / mein bleiches Angesicht /
Ist mir noch nie ein Tag / der gantz ohn Angst / bescheret!
    O Welt du Thränen Thal! recht Seelig wird geschätzt /
    Der / eh Er einen Fuß hin auff die Erden setzt /
Bald auß der Mutter Schoß ins Himmels Lusthauß fähret!

S. 34 f.   [Zweitfassung, 1643]:

> Der Welt Wolust.

WO lust ist / da ist angst; wo frewd' ist / da ist klagen.
    Wer schöne rosen sicht / siht dornen nur darbey
    Kein stand / kein ortt / kein mensch ist seines Creutzes frey.
Wer lacht; fühlt wen er lacht im hertzen tausend plagen.
Wer hoch in ehren sitzt / mus hohe sorgen tragen.
    Wer ist der reichthumb acht / vnd loß von kummer sey?
Wo armutt ist; ist noth. wer kent wie mancherley
Trawrwurmer vns die seel und matte sinnen nagen.
    Ich red' es offenbahr / so lang als *Phoebus* licht
    Vom himmell ab bestralt / mein bleiches angesicht
Ist mir noch nie ein Tag / der gantz ohn angst bescheret:
    O welt du threnen thall? recht seelig wird geschätzt;
    Der eh er einen fus / hin auff die erden setzt.
Bald aus der mutter schos ins himmels lusthaus fähret.

4. Im folgenden sind kritischer Text und Lesartenapparat eines Goethe-
   Gedichtes aus der „Weimarer Ausgabe" (Bd. 1. Weimar 1887. S. 68 f.
   und 383 f.) zitiert. Rekonstruieren Sie den Erstdruck J, und vergleichen
   Sie ihn mit dem kritischen Text.

   S. 68 f.   [kritischer Text]:

Willkommen und Abschied.

Es schlug mein Herz, geschwind zu Pferde!
Es war gethan fast eh' gedacht;
Der Abend wiegte schon die Erde
Und an den Bergen hing die Nacht:
Schon stand im Nebelkleid die Eiche,   5
Ein aufgethürmter Riese, da,
Wo Finsterniß aus dem Gesträuche
Mit hundert schwarzen Augen sah.

Der Mond von einem Wolkenhügel
Sah kläglich aus dem Duft hervor,   10
Die Winde schwangen leise Flügel,
Umsaus'ten schauerlich mein Ohr;
Die Nacht schuf tausend Ungeheuer;
Doch frisch und fröhlich war mein Muth:
In meinen Adern welches Feuer!   15
In meinem Herzen welche Gluth!

Dich sah ich, und die milde Freude
Floß von dem süßen Blick auf mich;
Ganz war mein Herz an deiner Seite
Und jeder Athemzug für dich.   20
Ein rosenfarbnes Frühlingswetter
Umgab das liebliche Gesicht,
Und Zärtlichkeit für mich – ihr Götter!
Ich hofft' es, ich verdient' es nicht!

Doch ach, schon mit der Morgensonne   25
Verengt der Abschied mir das Herz:
In deinen Küssen welche Wonne!
In deinem Auge welcher Schmerz!
Ich ging, du standst und sahst zur Erden,
Und sahst mir nach mit nassem Blick: 30
Und doch, wech Glück geliebt zu werden!
Und lieben, Götter, welch ein Glück!

S. 383 f.   [Lesarten]:

Willkommen und Abschied S 68 u. 69.

H¹⁵ : Abschrift aus dem Nachlass der Friederike von Sesenheim; Hirzelsche
Sammlung, Universitätsbibliothek zu Leipzig, (nur die ersten 10 Verse)
H³ S 14 u. 15.

Erste Drucke. J: Iris. Des zweyten Bandes drittes Stück. März 1775. S 244
u. 245 ohne Überschrift   S 8, 115 u. 116 Willkomm und Abschied   A 1,
42 u. 43 an jetziger Stelle.

*1—10   Es Schlug mein Hertz, geschwind zu Pferde
         Und fort! wild, wie ein Held zur Schlacht
         Der Abend wiegte schon die Erde
         Und an den Bergen hieng die Nacht;
         Schon stund im Nebelkleid die Eiche
         Wie ein gethürmter Riese da,
         Wo Finsterniß auß dem Gesträuche
         Mit hundert Schwarzen Augen sah
         Der Mond von einem Wolkenhügel
         Sah schläfrig aus dem Duft hervor   H¹⁵

1   Es – mein] Mir schlug das J   Herz,] Herz; JB–C   2   Und fort,
wild, wie ein Held zur Schlacht J   5   stand] stund J   9   einem]
seinem J   10   Sah] Schien J*   14   frisch-fröhlich,] tausendfacher J

15.16   Mein Geist war ein verzehrend Feuer,
        Mein ganzes Herz zerfloß in Gluth J
17   Dich-ich] Ich sah dich J   18   von] aus J   21   rosenfarbnes]
         rosenfarbes J   22   Umgab-liebliche] Lag auf dem lieblichen J
25.26   Der Abschied, wie bedrängt, wie trübe!
        Aus deinen Blicken sprach dein Herz. J
27   Wonne] Liebe J
28.29   O welche Wonne, welcher Schmerz!
        Du giengst, ich stund, und sah zur Erden J
30   sahst mir] sah dir J

5. Das nachstehende Gryphius-Sonett wurde aus einem Hauptschul-
   lesebuch entnommen (Lesebuch 65. 7.–9. Schuljahr. Dortmund u.
   Hannover 1967. S. 228). Ermitteln Sie in der historisch-kritischen
   Gryphius-Ausgabe die authentische Textgestalt und kommentieren
   Sie die einzelnen Veränderungen. Welche Argumente sprechen in
   diesem Fall für Textmodernisierung? Welchen Sinn könnte andererseits der Abdruck des Textes in ursprünglicher Form auch im Lesebuch haben?

Tränen des Vaterlandes, anno 1636

Wir sind doch nunmehr ganz, ja mehr denn ganz verheeret.
Der frechen Völker Schar, die rasende Posaun,
das vom Blut fette Schwert, die donnernde Kartaun
hat aller Schweiß und Fleiß und Vorrat aufgezehret.

Die Türme stehn in Glut, die Kirch ist umgekehrt,
das Rathaus liegt im Graus, die Starken sind zerhaun,
die Jungfraun sind geschändt, und wo wir hin nur schaun,
ist Feuer, Pest und Tod, der Herz und Geist durchfähret.

Hier durch die Schanz und Stadt rinnt allzeit frisches Blut.
Dreimal sind schon sechs Jahr, als unser Ströme Flut
von so viel Leichen schwer, sich langsam fortgedrungen.

Doch schweig ich noch von dem, was ärger als der Tod,
was grimmer denn die Pest und Glut und Hungersnot:
daß nun der Seelen Schatz so vielen abgezwungen.

6. Diskutieren sie die Notwendigkeit oder Entbehrlichkeit der Textkritik im Lichte der folgenden kritischen Stellungnahme von Paul
   Gerhard Völker (Die inhumane Praxis einer bürgerlichen Wissenschaft. In: Marie Luise Gansberg/P. G. V.: Methodenkritik der Germanistik. Stuttgart 1970. S. 47 f.).

Es ist das Verdienst Karl Lachmanns, den Gegenstand der Germanistik, das
einzelne, als literarisch ausgewiesene Werk, durch die Methode der Textkritik
wissenschaftlicher Forschung als Objekt zugänglich gemacht zu haben. Es handelt sich dabei um die bisher einzige Methode, deren Ergebnis sich an Kriterien einer messend exakten Wissenschaft rational überprüfen läßt. Aber eben
diese Zubereitung des literarischen Werks zu einem neutralen, ahistorischen
Forschungsgegenstand verfehlt das Wesen und die Aufgabe dieser Texte. Jeder
historische Aspekt wird als Verunreinigung der Untersuchungsprobe ausge-
schieden. Die Wirkungsgeschichte, wie sie sich etwa in der Überlieferung eines
mittelalterlichen Textes niederschlägt, tritt nur sekundär als der durch zeitlichen Abstand und schlechten Publikumsgeschmack zerrüttete Überrest gro-
ßer Dichtung vor Augen und kann bestenfalls als Baumaterial zur Rekonstruktion des Textes verwendet werden. Die notwendige Besonderheit jedes Textes
verschwindet: Lachmann hat nach der einen Methode Bibel, antike Literatur,
deutsche Texte des Mittelalters und die Schriften Lessings ediert.
   In der Lachmannschen Methode steckt ein irrationales Element: zugunsten
eines erst durch die Methode zu schaffenden, in dieser Form nicht überliefer-
ten Textes werden die tatsächlichen Überlieferungen zu bloßen Materialien erklärt. Das ist allerdings nicht zu verwechseln mit dem Ursprungsmythos der
Gebrüder Grimm: dort wird eine geglaubte Vollkommenheit der menschlichen
Gesellschaft in ihren Anfängen als wissenschaftlicher Wertmaßstab gesetzt,
hier ist die „ursprüngliche" Gestalt erst durch die Anwendung der Methode ent-
standen und der Weg zu ihr an den Lesarten überprüfbar und durch neues Material zu korrigieren. Lachmann macht in einer Hinsicht Ernst mit dem Gesichts-
punkt einer Literatur an sich: die Literatur wird gesäubert von allen Gebrauchs-
spuren, aus denen sich Wirkung, Funktion und der Reflex des Publikums als
zum Werk gehörig ablesen lassen. Selbst vom Verfasser wird das einzelne Werk
abgehoben: die Rekonstruktion vernichtet mit Absicht die zugegebenermaßen
nur schlecht erkennbaren Eigenheiten in Stil, Sprache und Aussage zugunsten
einer verbindlich gesetzten Regelmäßigkeit der Sprache und der Metrik, die
nicht vom Gegenstand abgeleitet wurde, sondern eine anachronistische Über-
tragung des harmonisierenden Kunstideals der Zeit war.
   Die Literaturwissenschaft hat die hinter der textkritischen Methode stehen-
de Einsicht, daß der Forschungsgegenstand selbst bereits Spiegelung der Unter-
suchungsabsicht ist, zumeist geleugnet, da diese Einsicht es unmöglich macht,
immer nur partiell und tendenziös mögliche Betrachtung der Literatur zu einem
objektiven Ergebnis umzufälschen. Sie hat entweder die für die textkritische
Methode notwendige Fiktion einer ahistorischen Literatur für bare Münze genommen oder sie hat es verstanden, in die Methodik selbst den eigenen Stand-
punkt einzuschwärzen und ihn mit Hilfe der Methode zu objektivieren. Das
trifft etwa zu für die Beißnersche Editionsmethode, die als Darbietung der Ge-
nese eines literarischen Werkes eine biologistisch-organizistische Auffassung
vom Entstehen der Dichtung wiedergibt, die mit der in die germanistische Methodik eingedrungenen Organismustheorie der dreißiger Jahre in engem Zusammenhang steht.

II. Hilfsmittel und Techniken literaturwissenschaftlicher Arbeit

Das intensive Studium der Quellen mit Hilfe zuverlässiger Ausgaben sollte die Basis aller literaturwissenschaftlichen Arbeit sein. Nicht alle Fragen aber, die bei derartiger Lektüre auftauchen, können aus dem Text selber beantwortet werden. Man benötigt Hilfsmittel, um etwa unbekannte Wörter, Namen oder Sachbegriffe in einem Text verstehen zu können. Man möchte ferner vielleicht im Anschluß an die Textlektüre die wichtigsten Fakten über dieses Werk (z. B. Entstehungszeit) oder seinen Autor (Biographie) erfahren. Schließlich wird den Leser interessieren, was die bisherige Forschung zu diesem Autor, Werk usw. an Erkenntnissen gewonnen hat. Damit ist der Punkt erreicht, an dem der Student sich der *Hilfsmittel* des Faches (Nachschlagewerke, Bibliographien usw.) bedienen muß. Der Anfänger wird im allgemeinen von der Zahl solcher Hilfsmittel überrascht, wenn nicht überwältigt sein. Notwendig ist es daher, die wichtigsten dieser Arbeitsmittel recht früh kennenzulernen – zugleich aber die *Arbeitstechniken* einzuüben, die ihre sinnvolle Benutzung und Auswertung für das eigene Arbeitsvorhaben garantieren. Im Sinne solcher Einübung sollen die folgenden Hinweise verstanden werden.

1. Nachschlagewerke und Einführungen

Allgemeine Nachschlagewerke

Erste Auskunft kann – vor allem bei unbekannten *Sachbegriffen* (Realien) – ein allgemeines, d. h. nicht fachgebundenes Nachschlagewerk geben, etwa ein *Konversationslexikon*. Empfehlenswert sind dabei die umfangreichsten und jüngsten Werke (die allerdings noch nicht vollständig vorliegen):

Brockhaus Enzyklopädie in zwanzig Bänden. 17. völlig neubearbeitete Auflage des Großen Brockhaus. Bisher 15 Bde. Wiesbaden 1966 ff.

Meyers Enzyklopädisches Lexikon in 25 Bänden. Bisher 5 Bde. Mannheim/Wien/Zürich 1971 ff.

Neben der Sachinformation zum jeweiligen Schlagwort geben die größeren Lexika relativ viel und meist gut ausgewählte Literatur an (die „Brockhaus Enzyklopädie" z. B. 26 Titel über Bertolt Brecht und sein Werk). Ältere Lexika („Brockhaus' Konversations-Lexikon", „Meyers Konversations-Lexikon") vermitteln oft detaillierte Informationen und Literaturangaben über nur noch wenig bekannte oder schon vergessene Schriftsteller und Werke.

Mitunter kann auch ein Blick in das größte englische Lexikon von Nutzen sein:

Encyclopaedia Britannica. 24 Bde. Chicago/London/Toronto u. a. 1968.

Geht man von einzelnen Autoren (vor allem älterer Epochen) aus, so geben zwei Sammelwerke *biographische* Auskunft und Literaturverweise:

Allgemeine Deutsche Biographie. Hrsg. durch die Historische Commission bei der Bayrischen Akademie der Wissenschaften. 56 Bde. Leipzig 1875–1912.

Neue Deutsche Biographie. Hrsg. von der Historischen Kommission bei der Bayrischen Akademie der Wissenschaften. Bisher 9 Bde. (von 12). Berlin 1953 ff.

Für diese Werke, die auch Biographien von Politikern, Wissenschaftlern und Künstlern enthalten, sind die Abkürzungen ADB und NDB gebräuchlich.

Zu den allgemeinen Nachschlagewerken zählen schließlich auch *Wörterbücher.* Für den Literaturwissenschaftler besonders wichtig sind Wörterbücher, die den *Bedeutungswandel* bestimmter Wörter nachzeichnen und mit literarischen Beispielen belegen. Mit ihrer Hilfe können vor allem ältere Texte am Sprachgebrauch ihrer Zeit gemessen werden. Manche interpretatorischen Kurzschlüsse, die sich allzu naiv auf den heutigen Gebrauch eines Wortes stützen, können dadurch vermieden werden. Das umfassendste Werk ist ohne Zweifel:

Jacob Grimm u. Wilhelm Grimm: Deutsches Wörterbuch. Hrsg. v. d. Deutschen Akademie der Wissenschaften zu Berlin. 32 Bde. Leipzig 1854–1960.

Es dokumentiert den deutschen Wortschatz und belegt ihn durch literarische Zitate aus dem 16. bis 19. Jh. Aufgrund der ungeheuer langen Arbeitsdauer sind die später erschienenen Bände ungleich aktueller als die ersten, die noch von den Gebrüdern Grimm selbst bearbeitet wurden.

Neben dem „Grimmschen Wörterbuch" gibt zur Bedeutungsgeschichte wertvolle Aufschlüsse:

Trübners Deutsches Wörterbuch. Hrsg. v. Alfred Götze, später v. Walther Mitzka. 8 Bde. Berlin 1939–57.

Über die Herkunft und Wortbildung *(Etymologie)* deutscher Wörter informiert ein einbändiges Werk:

Friedrich Kluge: Etymologisches Wörterbuch der deutschen Sprache. 20. Aufl. v. Walther Mitzka. Berlin 1968.

Fremdwörter erklärt u. a. das

Duden Fremdwörterbuch. Bearb. v. Karl-Heinz Ahlheim. 2. Aufl. Mannheim 1966.

Für den Bereich der Gegenwartsliteratur, der Massenmedien usw. wird schließlich wichtig:

Heinz Küpper: Wörterbuch der deutschen Umgangssprache. 5 Bde. Hamburg (1. Bd. in 3. neubearb. u. erw. Aufl.) 1963 – 1967.

Stark gekürzt ist eine Taschenbuchausgabe (dtv) dieses Werkes:

ders.: Wörterbuch der deutschen Alltagssprache. 2 Bde. München 1971.

Literaturwissenschaftliche Nachschlagewerke

In vielen Fällen wird jedoch die Auskunft nicht genügen, die ein allgemeines Nachschlagewerk bietet. Dies gilt vor allem für Sonderfragen, etwa für die detaillierte Erläuterung literaturwissenschaftlicher Fachbegriffe. Für derartige Fragen stehen fachbezogene Lexika, die speziellen Nachschlagewerke der Literaturwissenschaft, zur Verfügung. Von der Art der erwünschten Information hängt es ab, ob man zu einem *Autorenlexikon,* einem *Werklexikon* oder zu einem *Sachwörterbuch* greift.

Über Schriftsteller, ihre Biographie, literarhistorische Position, ihre Werke, sowie über einschlägige Literatur informiert u. a. das folgende *Autorenlexikon:*

Deutsches Literatur-Lexikon. Biographisches und bibliographisches Handbuch. Begründet von Wilhelm Kosch. 3. Aufl. Hrsg. v. Bruno Berger und Heinz Rupp. Bisher 3 Bde. Bern u. München 1968 ff.

Es handelt sich dabei um eine stark erweiterte Neufassung des „Deutschen Literatur-Lexikons" von Wilhelm Kosch (2. Aufl. 4 Bde. Bern 1949–1958). Die Neuauflage zeichnet sich durch umfangreiche Artikel (besonders zu Autoren des 20. Jahrhunderts), sowie durch gut ausgewählte und gegliederte Literaturangaben aus. Leider ist das Werk nicht abgeschlossen (bisher erfaßte Autoren: Aal – Eichendorff) und kann deshalb die wesentlich knapper gehaltene und nicht immer zuverlässige 2. Auflage des „Kosch" noch nicht völlig ersetzen. Prinzipiell sollte man allerdings bei der Benutzung von Nachschlagewerken möglichst zu den neuesten Auflagen greifen, da nur sie den Anschluß an den aktuellen Forschungsstand garantieren.

Zwei weitere Autorenlexika erfassen neben der deutschen auch fremdsprachige Literaturen:

Meyers Handbuch über die Literatur. Ein Lexikon der Dichter und Schriftsteller aller Literaturen. Hrsg. von der Lexikonredaktion des Bibliographischen Instituts. 2. neu bearbeitete Aufl. Mannheim/Wien/Zürich 1970.

Gero von Wilpert (Hrsg.): Lexikon der Weltliteratur. Biographisch-bibliographisches Handwörterbuch nach Autoren und anonymen Werken. Bd. 1. Stuttgart 1963.

Eine Taschenbuchausgabe des Werkes von Wilpert erschien in vier Bänden 1971 (dtv-Lexikon der Weltliteratur). Zu beachten ist, daß diese Neuausgabe – anders als die des „Kosch" – keinerlei Überarbeitung und Ergänzung erfuhr. Das hat zur Folge, daß weder Primär- noch Sekundärliteratur erfaßt wird, die nach 1963 erschienen ist. So besteht hauptsächlich für die Gegenwartsliteratur eine gravierende Informationslücke.

Vom gleichen Autor liegt außerdem noch eine auf deutsche Autoren beschränkte Kurzfassung vor:

Gero von Wilpert (Hrsg.): Deutsches Dichterlexikon. Biographisch-bibliographisches Handwörterbuch zur deutschen Literaturgeschichte. Stuttgart 1963.

Noch spezialisierter und auf vergleichweise neuem Forschungsstand ist schließlich das folgende Lexikon:

Hermann Kunisch (Hrsg.): Handbuch der deutschen Gegenwartsliteratur. 2. verbesserte u. erweiterte Aufl. 3. Bde. München 1969 f.

Die beiden ersten Bände enthalten Artikel zu einzelnen Schriftstellern und sogenannte Rahmenartikel (z. B. Rolf Geißler: Dichter und Dichtung des Nationalsozialismus). Der dritte Band gibt eine sehr umfangreiche, nach Autoren geordnete Bibliographie (vgl. dazu unten S. 48).

Als Ergänzung des letztgenannten Handbuchs, vor allem aber des „dtv-Lexikons der Weltliteratur" bietet sich nun ein weiteres Taschenbuchwerk (bei Rowohlt) an:

Helmut Olles (Hrsg.): Literaturlexikon 20. Jahrhundert. 3 Bde. Reinbek 1971.

So sehr dies Lexikon dem Bedürfnis nach Information gerade über die neueste Literatur entgegenkommt, so bedauerlich sind andererseits gewisse Mängel: lückenhafte Aufnahme von Autoren, mangelhafte biographische Angaben.

Informationen über *literarische Werke* (ausgenommen einzelne Gedichte und kurze Prosatexte) findet man vor allem in zwei Handbüchern:

Kindlers Literatur Lexikon. 7 Bde. Zürich 1965 ff.

Gero von Wilpert (Hrsg.): Lexikon der Weltliteratur. Biographisch-bibliographisches Handwörterbuch. Bd. 2: Hauptwerke der Weltliteratur in Charakteristiken und Kurzinterpretationen. Stuttgart 1968.

Mit besonderem Nachdruck sei auf das „KLL" (Kindlers Literatur Lexikon) hingewiesen, das insgesamt sieben Bände umfaßt (daneben erscheint eine zwölfbändige Sonderausgabe bei der Wissenschaftlichen Buchgesellschaft). Es berücksichtigt Werke aus 130 Literaturen; fremdsprachige Texte werden jeweils unter dem Originaltitel erfaßt. Wegen seines großen Umfangs (fast 20000 Spalten) kann das „KLL" sehr fundierte Werkanalysen und eine breite, sachkundige Literaturauswahl vermitteln. Zugrunde liegt ein weitgefaßter Literaturbegriff, der auch historische, politische und wissenschaftliche Texte einschließt (Artikel z. B. über „Das Kapital" von Karl Marx oder die „Geschichte der poetischen Nationalliteratur der Deutschen" von Georg Gottfried Gervinus).

Insgesamt ist das „KLL" Wilperts einbändigem Werklexikon weit überlegen, das oft bei bloßen Inhaltsangaben stehen bleibt. Literaturwissenschaftliche *Sachbegriffe* hingegen erklärt knapp und präzise ein anderes Handbuch des gleichen Autors:

Gero von Wilpert: Sachwörterbuch der Literatur. 5. neubearbeitete Aufl. Stuttgart 1969.

In alphabetischer Anordnung bietet der „Wilpert", der in keiner studentischen Handbibliothek fehlen sollte, Sacherklärungen und knappe Literaturhinweise zu 4 200 Stichwörtern (z. B. Prolog, Metapher, Parodie). Neu erschienen (als Fischer-Taschenbuch) ist ein vergleichbares Lexikon:

Otto F. Best: Handbuch literarischer Fachbegriffe. Definitionen und Beispiele. Frankfurt am Main 1972.

Zur Erläuterung von Sachbegriffen und -zusammenhängen dient weiterhin:

Paul Merker und Wolfgang Stammler (Hrsg.): Reallexikon der deutschen Literaturgeschichte. 2. Aufl. Bisher 2 Bde. Berlin 1958 ff.

Dies Handbuch ist zugleich breiter und „weitmaschiger" konzipiert als etwa Wilperts Sachwörterbuch. Es erfaßt in relativ wenigen, aber umfangreichen Artikeln literaturgeschichtliche und gattungspoetische Oberbegriffe (Beispiel: Bildungsroman, Junges Deutschland, Minnesang). Einzelbegriffe, die im „Wilpert" als Stichwörter erscheinen, werden im „Reallexikon" innerhalb eines übergreifenden Artikels abgehandelt — der Begriff „Metapher" z. B. unter „Stilfiguren". Während also Wilperts Sachwörterbuch für die punktuelle Erklärung eines unbekannten Begriffs nützlich ist, wird man zum „Reallexikon" greifen, wenn man die zusammenhängende Darstellung eines ganzen Form- oder Problembereichs sucht. Es ist also (auch wegen seiner Literaturangaben) eher zur flächigen Information über eine bestimmte Gattung, Epoche usw. geeignet.

Das „Reallexikon" (oft auch „Merker/Stammler" genannt) ist in zweiter Auflage noch unvollständig: der dritte Band liegt erst teilweise vor (5 Einzellieferungen, von „Pantomime" bis „Rokokodichtung" reichend). Deshalb sei noch auf ein ähnlich aufgebautes, aber abgeschlossenes und zudem preiswertes Taschenbuchwerk verwiesen:

Wolf-Hartmut Friedrich und Walther Killy (Hrsg.): Das Fischer-Lexikon Literatur. 2 Teile in 3 Bdn. Frankfurt am Main 1964 f.

Der erste, einbändige Teil, der in Rahmenartikeln verschiedene Nationalliteraturen behandelt, ist wohl weniger wichtig als die zwei Bände des zweiten Teils, der Sachbegriffe erläutert. Auch hier werden — freilich komprimierter und auf neuerem Forschungsstand als im „Reallexikon" — übergeordnete Stil-, Gattungs- und Epochenbegriffe behandelt (z. B.: Ironie, Dramatische Gattungen, Aufklärung).

Im Unterschied zu diesen Sachlexika, deren Artikel *alphabetisch* angeordnet sind, versuchen zwei weitere Handbücher bereits durch *systematische* Anordnung ihrer Beiträge einen Überblick über die Sprach- und Literaturwissenschaft zu geben.

Den Anspruch eines Standardwerks erhebt schon im Titel:

Wolfgang Stammler (Hrsg.): Deutsche Philologie im Aufriß. 2. Aufl. 3 Bde. Berlin 1957 ff. (Register zu Bd. 1–3: Berlin 1969)

Kritisch muß zum „Aufriß" jedoch angemerkt werden, daß die Qualität der einzelnen Beiträge sehr unterschiedlich ist. Zudem erscheint die hier versuchte Systematik des Faches an einem veralteten Wissenschaftsbegriff („Deutsche Philologie" statt „Literaturwissenschaft") orientiert; allzu leicht kann ein Werk wie dieses als weiterhin gültige „Summe" der Fachwissenschaft verstanden werden, während doch viele seiner Darstellungen und Ergebnisse von der Spezialforschung bereits überholt sind. Die Berücksichtigung literaturwissenschaftlicher Randgebiete ist einerseits durchaus verdienstvoll (z. B. Klaus Günther Just: Essay), wirkt andererseits aber auch übertrieben (dies gilt etwa für Artikel wie: „Einwirkung Indiens auf die deutsche Dichtung", „Ostasien und die deutsche Literatur" usw.). Als wenig sinnvoll erscheint schließlich – unter literaturwissenschaftlichem Aspekt – die Ausweitung auf Nachbardisziplinen wie „Kulturkunde und Religionsgeschichte".

Für die ständige Arbeit des Studierenden ist sicherlich nützlicher ein neu erscheinendes Handbuch:

Heinz Ludwig Arnold und Volker Sinemus (Hrsg.): Grundriß zur Literatur- und Sprachwissenschaft. 2 Bde. München (1972).

Es macht sich zur Aufgabe, in zwei Taschenbuchbänden die Vorzüge eines *systematischen Grundrisses* mit denen eines *Sachwörterbuchs* so weit wie möglich zu verbinden. Wesentlich handlicher als der „Aufriß", überzeugt es durch eine konsequente Systematik: der Schwerpunkt liegt auf Beiträgen zur Methodologie (z. B. Hermeneutik, Literatursoziologie) und Textanalyse (z. B. Stilistik, Gebrauchstexte). Auf literarhistorische Längsschnitte nach Art des „Aufriß" wird dagegen weitgehend verzichtet. Ein alphabetisches Glossar gibt zusätzlich die Möglichkeit, unbekannte Fachtermini nachzuschlagen.

Als spezielle Ergänzung dieser Sachlexika ist noch zu nennen:

Elisabeth Frenzel: Stoffe der Weltliteratur. Ein Lexikon dichtungsgeschichtlicher Längsschnitte. 3. Aufl. Stuttgart 1970.

Es führt literarische „*Stoffe*" auf, die sich meist an historische oder mythologische Figuren anschließen und in der Geschichte der Literatur mehrfach gestaltet worden sind. Unter dem Stichwort „Faust" z. B. kann man sich über die Lebensdaten des historischen Georg Faust informieren und über die zahlreichen literarischen Fassungen des „Faust" Stoffes vom Volksbuch „Historia von D. Johann Fausten" (1587) bis hin zu Thomas Manns Roman „Doktor Faustus" (1947).

Einführende Monographien und Sammelbände

Die umfangreichen Artikel, die etwa der „Aufriß" enthält, leiten ihrer Form nach bereits über zu speziellen Darstellungen *eines* Gegenstandes, zu sogenannten *Monographien* (die etwa eine Gattung, einen Autor, ein Werk behandeln). An dieser Stelle soll nicht auf hochspezialisierte Untersuchungen (z. B. Klaus-Detlef Müller: Die Funktion der Geschichte im Werk Bertolt Brechts. Studien zum Verhältnis von Marxismus und Ästhetik. Tübingen 1967) hingewiesen werden. Es interessieren vielmehr Monographien, die einen *einführenden Überblick* vermitteln und dadurch die oben genannten Nachschlagewerke ergänzen oder ersetzen können.

Als Beispiel sei die Buchreihe „*Grundlagen der Germanistik*" erwähnt, die im gleichen Verlag wie der „Aufriß" erscheint. Offensichtlich wird dieses unhandliche Sammelwerk durch eine Reihe von Monographien abgelöst, die z.T. als erweiterte Neufassungen der ursprünglichen „Aufriß"-Artikel anzusehen sind. Dies gilt etwa für die Bände von Josef Kunz („Die deutsche Novelle zwischen Klassik und Romantik") und Elisabeth Frenzel („Stoff- und Motivgeschichte").

Größere Bedeutung für die Studienpraxis haben freilich die zahlreichen Bändchen der „*Sammlung Metzler*", die wegen ihres hohen Informationswertes (biographische bzw. literarhistorische Fakten, Berichte über den neuesten Forschungsstand und noch offene Aufgaben, reichhaltige und gut geordnete Literaturhinweise) als Einführungen für die Beschäftigung mit einem Autor oder einer Gattung sehr zu empfehlen sind. Bisher sind über 100 dieser preiswerten

Bändchen erschienen, so zu vielen Gattungen (Märchen, Legende, Novelle, Volkslied, Fabel, Essay, Tagebuch u. a.) und Autoren (Schiller, Grillparzer, Hebel, Hebbel, Benn, Brecht, Lessing, Gryphius u. a.). Preiswerte Schriftstellermonographien sind noch in zwei weiteren Reihen greifbar: *„Rowohlts Monographien. Große Persönlichkeiten dargestellt in Selbstzeugnissen und Bilddokumenten"* und *„Friedrichs Dramatiker des Welttheaters"* (jeweils mit nützlichen Literaturangaben).

Neben den monographischen Buchpublikationen hat in den letzten Jahren eine neue Publikationsform große Bedeutung gewonnen: der *Sammelband* oder *„reader"*. In ihm sind verschiedene (sonst schwer erreichbare) Aufsätze zu einem Thema zusammengefaßt. Die wohl bekannteste Reihe dieser Art wird von der Wissenschaftlichen Buchgesellschaft publiziert: unter dem Reihentitel *„Wege der Forschung"* erschienen Sammelbände etwa über „Die Novelle" oder „Die Diskussion um das deutsche Lesebuch". Der Verlag Kiepenheuer und Witsch veröffentlichte in seiner *„Neuen Wissenschaftlichen Bibliothek"* bisher u. a. „Deutsche Barockforschung", „Das epische Theater", „Romantheorie" und „Literaturwissenschaft und Strukturalismus". In verschiedenen Reihen des Athenäum Verlags liegen ähnliche Sammelbände vor, z. B. über „Deutsche Dramentheorien", „Deutsche Romantheorien" oder „Marxistische Literaturkritik".

Literaturgeschichten

Schließlich soll von einem weiteren Typus literaturwissenschaftlicher Publikationen die Rede sein, der zwar nicht als Nachschlagewerk konzipiert — aber doch auch als solches benutzbar ist. Gemeint sind *Literaturgeschichten*. Die wissenschaftstheoretische und methodische Problematik der Literaturgeschichtsschreibung wird an anderer Stelle ausführlich abgehandelt[1]. Hier sollen nur einige Bemerkungen zu den derzeit verbreitetsten Werken und ihrem Wert als Hilfsmittel literaturwissenschaftlicher Arbeit angeschlossen werden.

------

1 Vgl. Albert Klein u. Jochen Vogt: Methoden der Literaturwissenschaft I: Literaturgeschichte und Interpretation. Düsseldorf 1971. *(=Grundstudium Literaturwissenschaft Bd. 3)*

Eine Literaturgeschichte hat zur Aufgabe, die Erscheinungsformen, Wirklichkeitsbezüge und Veränderungen von Literatur im geschichtlichen Kontinuum darzustellen. Verschiedene Typen von Literaturgeschichten bilden sich heraus, weil das jeweilige Beobachtungsfeld unter dreifachem Aspekt beschränkt oder erweitert sein kann, nämlich unter dem *poetologischen,* dem *zeitlichen* und dem *räumlichen* Aspekt.

(1)   *Poetologischer Aspekt:* den *allgemeinen Literaturgeschichten,* die sämtliche im Beobachtungszeitraum auftretenden Dichtungs- und Literaturformen zu erfassen suchen, stehen sogenannte *Gattungsgeschichten* als speziellere Form gegenüber. Sie verfolgen die historische Wandlung einer Gattung oder einer bestimmten Dichtungsart und gewinnen so einen fast monographischen Charakter. (Beispiele für Gattungsgeschichten sind z. B.: Johannes Klein: Geschichte der deutschen Lyrik von Luther bis zum Ausgang des zweiten Weltkrieges. 2. Aufl. Wiesbaden 1960; Karl Vietor: Geschichte der deutschen Ode. München 1923.)

(2)   *Zeitlicher Aspekt:* Neben *Gesamtdarstellungen* einer Literatur, Gattung usw. (sie tragen oft den Vermerk: „. . . von den Anfängen bis zur Gegenwart") stehen *Epochendarstellungen* (z. B.: Martin Greiner: Zwischen Biedermeier und Bourgeoisie. Ein Kapitel deutscher Literaturgeschichte im Zeichen Heinrich Heines. Leipzig 1954). Neuerdings werden Epochendarstellungen verschiedener Autoren (Spezialisten!) gern verlagstechnisch zu Sammelwerken (Gesamtdarstellungen) zusammengefaßt.

(3)   *Räumlicher Aspekt:* Das Augenmerk des Literarhistorikers kann auf engere oder weitere Kulturräume gerichtet sein. So gibt es Geschichten *regionaler* und *nationaler* Literaturen, aber auch der *europäischen* bzw. der „*Weltliteratur".* (Beispiele: Josef Nadler: Literaturgeschichte der deutschen Schweiz. Leipzig 1932; Gerhard Fricke u. Volker Klotz: Geschichte der deutschen Dichtung. 11. Aufl. Lübeck 1965; Hanns W. Eppelsheimer: Geschichte der europäischen Weltliteratur. Bisher 1 Bd. Frankfurt am Main 1970.)
    In verschiedenen Literaturgeschichten können nun die drei Merkmale jeweils verschieden kombiniert sein. Das Buch von Walter Mönch über „Das Sonett" (Heidelberg 1955) ist unter poetologischem Aspekt z. B. eine *Gattungsgeschichte* (behandelt wird nur das Sonett), unter zeit-

lichem Aspekt eine *Gesamtdarstellung* (von den Anfängen des Sonetts im 13 Jh. bis zur Gegenwart), unter räumlichem schließlich eine *europäische* Literaturgeschichte (das Sonett in der italienischen, französischen, spanischen, englischen, deutschen Literatur). Die oben genannte Arbeit von Martin Greiner („Zwischen Biedermeier und Bourgeoisie") dagegen erscheint als *allgemeine* Literaturgeschichte, *Epochendarstellung* und *nationale* (hier: deutsche) Literaturgeschichte.

Im folgenden sollen nun die wichtigsten und verbreitetsten neueren Literaturgeschichten genannt und kurz charakterisiert werden.

Helmut de Boor u. Richard Newald: Geschichte der deutschen Literatur von den Anfängen bis zur Gegenwart. Bd. 1 ff. 4. Aufl. 1960 ff.

Das achtbändig konzipierte Werk, das 1949 zu erscheinen begann, ist immer noch unvollständig. De Boors Bände 1–3 (8.–14. Jh.) sind als Standardwerk der älteren Germanistik unentbehrlich geworden. Der Wert von Newalds Bänden 5 (1570–1750) und 6, Teil I (1750–ca.1810) ist dagegen zweifelhaft. Das reiche literarhistorische Material ist methodisch nur ungenügend strukturiert, die Darstellung wegen ihrer Trockenheit nur mühevoll lesbar. Als gravierender Mangel des „de Boor/Newald" macht sich immer wieder das Fehlen der Bände zur neueren Literatur (von Goethes Alterswerk bis zur Gegenwart) bemerkbar. Band 4, Teil I (1370–1520) von Hans Rupprich erschien 1970.

Eine vierbändige Darstellung der deutschen Literaturgeschichte ist als erste Abteilung eines „Handbuchs der deutschen Literaturgeschichte" geplant (zweite Abteilung: Bibliographien zu den literaturgeschichtlichen Epochen, vgl. unten S. 50 f.). Von diesen vier Bänden liegt vor:

Friedrich Gaede: Humanismus – Barock – Aufklärung. Eine Geschichte der deutschen Literatur vom 16. bis zum 18. Jahrhundert. Bern u. München 1971.

Demnächst erscheint die Geschichte der modernen deutschen Literatur von Klaus Günther Just, die das Sammelwerk chronologisch abschließen soll.

Unvollständig ist bisher auch die Gemeinschaftsarbeit eines literaturwissenschaftlichen Kollektivs aus der DDR:

Klaus Gysi u. a. (Hrsg.): Geschichte der deutschen Literatur von den Anfängen bis zur Gegenwart. Bd. 1 ff. Berlin 1960 ff.

Von zehn geplanten Bänden liegen vor: Bd. 1 (Von den Anfängen bis 1160), Bd. 4 (Von 1480–1600), Bd. 5 (1600–1700). Durchgehende Darstellung der deutschen Literaturgeschichte im Rahmen des materialistischen Geschichtsverständnisses. Breite Berücksichtigung der gesellschaftlichen Bedingtheiten von Literatur sowie unterdrückter Literaturströmungen. Sehr materialreich, viele Beispieltexte, Illustrationen; hervorragende Bibliographie. Gut lesbar.

Die noch fehlenden Bände – besonders zur neueren Literatur – können in gewissem Maße ersetzt werden durch ein Werk, das weniger als „abgerundete literaturwissenschaftliche Darstellung" denn als Hilfsmittel literarhistorischer Information „vor allem für den Lehrer" gedacht ist:

Kurt Böttcher, Klaus Gysi u. a. (Hrsg.): Erläuterungen zur deutschen Literatur. Bisher 8 Bde. Berlin 1953 ff.

Innerhalb einer Epochengliederung (Aufklärung, Sturm und Drang, Klassik, Zwischen Klassik und Romantik, Romantik, Zur Literatur der Befreiungskriege, Zur Literatur des Vormärz, Zur deutschen Literatur nach 1848) sind grundlegende Informationen zur Geistes- und Sozialgeschichte mit biographischen Darstellungen und Werkanalysen primär nach „schulischen Erfordernissen" kombiniert. Außer der didaktischen Anlage ist es übrigens der mäßige Preis, der die Bände jedem Studenten empfehlen sollte.

Neben diesen umfangreichen Werken, die auch Spezialfragen schon recht differenziert erörtern, bieten sich für Überblicke und erste Informationen eine Reihe von kurzgefaßten Literaturgeschichten an, z.B.:

Gerhard Fricke und Volker Klotz: Geschichte der deutschen Dichtung. 11. Aufl. Lübeck 1965.

Knappes, einbändiges Werk, das zur ersten Orientierung sehr gut geeignet ist. Durch die kenntnisreiche Darstellung der modernen Literatur (seit der Jahrhundertwende) von Klotz übertrifft es einen ebenfalls verbreiteten Band, dessen Stärke eher in der Beschreibung von Aufklärung, Klassik und Romantik liegt:

Fritz Martini: Deutsche Literaturgeschichte von den Anfängen bis zur Gegenwart. 15. Aufl. Stuttgart 1968.

Eine kurze Darstellung aus der DDR bleibt aufgrund ihrer oft allzu pauschalen und dogmatischen Wertungen deutlich unter dem Niveau des obengenannten Sammelwerks von Gysi u. a.:

Hans Jürgen Geerdts: Deutsche Literaturgeschichte in einem Band. Berlin 1967.

Unter den kurzgefaßten Literaturgeschichten sei schließlich ein bereits älteres Werk (1. Aufl. 1935) zweier niederländischer Autoren wegen seiner wohlabgewogenen, stets sachlichen Charakterisierungen und Wertungen empfohlen:

Th. C. van Stockum u. J. van Dam: Geschichte der deutschen Literatur. 2. Bde.
3. Aufl. Groningen 1961.

Alle genannten Werke integrieren die literarhistorischen Daten und
Fakten in eine geschlossene textliche Darstellung. Untergliederungen
werden nach Epochen, dann aber auch nach einzelnen Gattungen,
Problemkreisen usw. vorgenommen. Die strenge Chronologie der tatsächlichen Literarhistorie wird durch solche thematischen Ordnungs-
prinzipien teilweise verwischt. Nützlich kann es deshalb sein, auch zu
Handbüchern zu greifen, die nach dem Prinzip der *Annalistik* aufgebaut sind. In ihnen wird eine streng *chronologische Ordnung* (Rei-
hung der Werke nach Entstehungs- oder Erscheinungsjahr) durchge-
führt, die sich am deutlichsten in Zeittafeln ausprägt. Der Vorteil
solcher Werke liegt in der Möglichkeit, literarhistorische „Querschnit-
te" zu legen, Zeitgenossenschaft, Erscheinungsfolgen usw. anschau-
lich zu machen. Zu nennen wäre „eine Gemeinschaftsarbeit zahlreicher Fachgelehrter":

Heinz Otto Burger (Hrsg.): Annalen der deutschen Literatur. Geschichte der deutschen Literatur von den Anfängen bis zur Gegenwart. 2. Aufl. Stuttgart 1971.

Als ähnlich konzipiertes Werk in zwei Taschenbuchbänden, das knappe Hinweise zu den Einzelwerken mit einleitenden, sehr präzisen Epo-
chencharakteristiken verbindet, ist für den studentischen Gebrauch
besonders zu empfehlen:

Herbert A. Frenzel u. Elisabeth Frenzel: Daten deutscher Dichtung. Chronologischer Abriß der deutschen Literaturgeschichte. 2 Bde. 7. Aufl. München 1971.

Jeder Studienanfänger der Literaturwissenschaft sollte außerdem von
einem literarhistorischen Werk Kenntnis nehmen, das die einzelnen
Nationalliteraturen in die gesamteuropäische Überlieferung einordnet,
dabei ohne wissenschaftliches Beiwerk auskommt und sehr anregend
zu lesen ist:

Hanns W. Eppelsheimer: Geschichte der europäischen Weltliteratur. Bisher 1 Bd.:
Von Homer bis Montaigne. Frankfurt am Main 1970.

Wie Literaturgeschichtsschreibung in die Sozialgeschichte eingesenkt
werden kann, demonstriert schließlich die folgende Arbeit:

Arnold Hauser: Sozialgeschichte der Kunst und Literatur. 2 Bde. München 1953.

Dies Werk — jetzt auch als einbändige Sonderausgabe erhältlich — ist nicht nur als historische Information, sondern vor allem auch als methodischer Versuch interessant, innerästhetische und gesellschaftliche Phänomene dialektisch auseinander zu entwickeln. Durchaus kann es deshalb auch als Einführung in die Kunst- und Literatursoziologie verstanden und gelesen werden.

Über weitere Literaturgeschichten informieren die Bücherkunden von Raabe und Hansel (siehe S. 47).

2. Ermittlung von Sekundärliteratur

Die vorstehend genannten Nachschlagewerke und einführenden Monographien bieten dem Benutzer hauptsächlich Sachinformationen, die meist aber nur zu einer ersten Orientierung ausreichen. Beschäftigt man sich näher mit einem speziellen Problem – etwa im Rahmen einer schriftlichen Arbeit – so ist es indessen notwendig, weitere Literatur über das fragliche Thema („Sekundärliteratur") zu berücksichtigen: Spezialuntersuchungen in Buch- oder Aufsatzform, Forschungsberichte, Rezensionen usw. Bei größeren Arbeitsvorhaben (Examensarbeit, Dissertation) sollte die relevante Forschungsliteratur möglichst vollständig gesichtet werden, um die Wichtigkeit oder Unwichtigkeit der einzelnen Arbeiten beurteilen zu können.

Bücherkunde und Bibliographieren

Zu manchen Themen liegt allerdings so viel Sekundärliteratur vor, daß bereits ihre Erfassung und Auswertung ein arbeitsorganisatorisches Problem wird. Die wachsende Zahl wissenschaftlicher Publikationen macht es schon dem erfahrenen Forscher schwer, die Neuerscheinungen in seinem Spezialgebiet zu registrieren und zu verarbeiten – schwerer noch wird dem Studenten die Orientierung fallen, der als Anfänger von Semester zu Semester sich auf neue Gebiete einstellen muß. „Bildung", so sagt man ironisch, „heißt wissen, wo was steht." Dieser Satz gilt voll und ganz für die Suche nach Sekundärliteratur, die Arbeit des „Bibliographierens". Denn die Vielfalt der vorhandenen und ständig neu erscheinenden wissenschaftlichen Arbeiten hat sehr bald spezielle Nachschlagewerke entstehen lassen, die lediglich dem Auffinden von wissenschaftlicher Literatur zu den verschiedensten Spezialthemen dienen. Man nennt diese Werke „Bibliographien" –und unterscheidet grundsätzlich (ähnlich wie bei den oben genannten Lexika) *allgemeine* und *fachbezogene* Bibliographien. Für die praktische Arbeit des Studenten sind dabei die Fachbibliographien von größerer Bedeutung; sie sollen deshalb auch hier zuerst und ausführlicher vorgestellt werden.

Innerhalb der Literaturwissenschaft bezeichnet der Begriff Bibliographie oder *„Bücherkunde"* zugleich denjenigen Arbeitsbereich, der die Erfassung, Ordnung und den Nachweis wissenschaftlichen Schrifttums zum Ziel hat. Ohne Zweifel ist diese Bücherkunde heute die wichtigste Hilfswissenschaft des Germanisten. Es soll hier kein Überblick über dieses Gebiet gegeben werden, zumal zwei recht brauchbare Einführungen vorliegen:

Johannes Hansel: Bücherkunde für Germanisten. Studienausgabe. 5. Aufl. Berlin 1968.

Paul Raabe: Einführung in die Bücherkunde zur deutschen Literaturwissenschaft. 7. Aufl. Stuttgart 1971. (= Sammlung Metzler 1)

Mit ihnen sollte sich der Studienanfänger umgehend befassen, um die Benutzung der bibliographischen Hilfsmittel zu erlernen. Für die erste Information sei vor allem das Bändchen von Paul Raabe empfohlen. Im folgenden sollen nur wenige − und bewußt pragmatisch gehaltene Hinweise zur Literaturbeschaffung gegeben werden.

Wichtig beim Bibliographieren ist es, einen günstigen „Einstieg", einen Ansatzpunkt zu finden. Da die meisten wissenschaftlichen Arbeiten mit einem Literaturverzeichnis versehen sind, kann man sehr leicht weiterkommen, wenn man erst einmal einige relevante Titel in Erfahrung gebracht hat. Die betreffenden Bücher verweisen in der Regel auf weitere (benutzte) Publikationen zum Thema, die ihrerseits wiederum Literaturhinweise enthalten. So kann man von einem Werk zum andern die eigene Literaturliste schrittweise vervollständigen.

Für den ersten Einstieg in die Literatursuche sollen hier drei praktikable Vorschläge gemacht werden: einmal kann man die Literaturhinweise in den oben genannten Nachschlagewerken und Einführungen oder auch in Literaturgeschichten benutzen („versteckte Bibliographien"). Als zweite Möglichkeit bieten sich die Literaturverzeichnisse von Spezialuntersuchungen zum Thema bzw. Autor an, die reichhaltiger und aktueller sein können als die stark ausgewählten Angaben der Lexika. Wichtig ist dabei, auf das Erscheinungsjahr der jeweiligen

Studie zu achten (eine Arbeit aus dem Jahre 1968 z. B. wird meist nur Titel angeben, die bis 1967 erschienen sind).

Schließlich ein dritter Weg: Sucht man Literatur zu bestimmten *Autoren,* so greift man zu sogenannten *Personalbibliographien* (möglichst vollständige Sammlung der Literatur von und zu einzelnen Autoren). Verzeichnet sind sie in zwei Spezialwerken:

Johannes Hansel: Personalbibliographie zur deutschen Literaturgeschichte. Studienausgabe. Berlin 1967.

Herbert Wiesner, Irene Živsa, Christoph Stoll: Bibliographie der Personalbibliographien zur deutschen Gegenwartsliteratur. München 1970.

Dabei wird man Personalbibliographien zu Schriftstellern vergangener Jahrhunderte nur im „Hansel" auffinden, das Handbuch von Wiesner, Zivsa und Stoll dagegen berücksichtigt nur Autoren des 20. Jahrhunderts, darunter auch Wissenschaftler, Kritiker, Politiker (z. B. Theodor W. Adorno, Albert Einstein, Herbert Jhering, Theodor Heuss).

Diese „Bibliographie der Personalbibliographien" liegt — wie zitiert — als selbständige Veröffentlichung (Paperback) vor; eine neu durchgesehene Fassung erschien daneben im Rahmen des „Handbuchs der deutschen Gegenwartsliteratur" von Hermann Kunisch (3. Bd. — vgl. oben S. 37). Läßt sich in diesen beiden Werken eine Personalbibliographie zum jeweils interessierenden Autor nachweisen, so wird dem Studenten viel bibliographische Arbeit erspart bleiben.

Ähnliche Dienste bei der Literatursuche zu bestimmten *Stoffen* und *Motiven* in der Dichtung leistet eine *Sachbibliographie:*

Franz Anselm Schmitt: Stoff- und Motivgeschichte der deutschen Literatur. Eine Bibliographie. 2. Aufl. Berlin 1965.

Zu mehr als 1000 alphabetisch geordneten Stoffen und Motiven (z.B. Krieg, Mond, Stadt) werden hier 3 712 Titel der Sekundärliteratur angezeigt.

Mit dem so gewonnenen „Einstieg" wird die Literatursuche jedoch in den wenigsten Fällen schon abgeschlossen sein. Ergänzendes Bibliographieren kann vielmehr in zwei Richtungen notwendig werden:
1. Hat man zur ersten Orientierung eine Literaturauswahl (in Nachschlagewerken, Monographien) benutzt, so ist es angebracht, diese

Auswahl unter dem besonderen Gesichtswinkel des eigenen Arbeitsvorhabens zu ergänzen. Man wird u. U. also die Literatur des *gesamten Forschungszeitraums* sichten müssen, um wichtige, wenn auch
ältere Spezialarbeiten finden zu können. Dies geschieht mit Hilfe
„abgeschlossener Fachbibliographien".
2. Diese Arbeitsrichtung entfällt, wenn man schon zum Einstieg ein
   Hilfsmittel benutzt, das Vollständigkeit anstrebt (Personalbibliographien). In jedem Falle aber wird man den Forschungszeitraum
   nach Abschluß des „Einstieg"-Werkes berücksichtigen müssen. Dazu dienen in erster Linie die sogenannten *„periodischen Fachbibliographien".*

Abgeschlossene Fachbibliographien

Als wissenschaftsgeschichtlich bedeutsames Monumentalwerk, das der
Anfänger freilich nur selten benutzen wird, ist zu nennen:

Karl Goedeke: Grundriß zur Geschichte der deutschen Dichtung. Aus den Quellen. 2. bzw. 3. Aufl. 15 Bde. Dresden, später Berlin 1884—1966.
(Bd. 16 [= Register zu Bd. 1—15] in Vorbereitung)

Dies Werk, kurz „der Goedeke" genannt, war als Literaturgeschichte
geplant, wurde dann aber als Bibliographie ausgearbeitet. Seine mate-
rialreiche Überschau führt Schriftsteller und ihre Werke vom Mittelalter bis zum Jahre 1830 an. Der „Grundriß" zielt auf Vollständigkeit
sowohl beim Nachweis der Quellen (d. h. der Literaturwerke selbst)
als auch der Sekundärliteratur. Dabei ist schon vor dem Erscheinungsjahr (genauer: mit dem Redaktionsschluß) jedes Bandes ein Schluß-
punkt für die Aufnahme von Titeln gesetzt. Da dieser Punkt meist
schon mehrere Jahrzehnte zurückliegt, kann man im Goedeke keine
neuere Sekundärliteratur finden (die Problematik *jeder* Bibliographie
liegt darin, daß sie vom Erscheinungstag an bereits wieder veraltet).
  Die Qualität des Goedeke liegt also eher im Nachweis von Quellen
und entlegenen Spezialwerken, meist des 19. Jahrhunderts. Eine Ausnahme bildet der 4. Band (in 5 Teilen), der als einziger schon in dritter
Auflage (erschienen 1907—60) vorliegt. Er enthält u. a. eine sehr
nützliche Goethe-Bibliographie, die Arbeiten bis 1950 aufführt. Die Be-

nutzung des Gesamtwerks ist wegen seines unübersichtlichen Aufbaus (problematische Epochengliederung!) und wegen des noch fehlenden Gesamtregisters recht kompliziert. Sie ist für den Studenten oft auch unergiebig: sein Interesse richtet sich meist auf die neuere Sekundärliteratur, die ja die wichtigen Erkenntnisse der älteren Forschung verarbeitet hat (oder doch haben sollte). Dennoch wird man sich – im Hinblick auf mögliche Spezialarbeiten – mit der Anlage dieser Monumentalbibliographie einmal vertraut machen.

Da der „Grundriß" nur Autoren bis 1830 erfaßt, ist eine Fortsetzung in Angriff genommen, die das folgende halbe Jahrhundert (bei alphabetischer Autorenanordnung) erschließt. Von dieser „Neuen Folge" ist freilich erst ein Band („Aar" bis „Ayßlinger") erschienen, der Titel bis ca. 1954 aufnimmt:

Goedekes Grundriß zur Geschichte der deutschen Dichtung. Neue Folge. Fortführung von 1830 – 1880. Hrsg. von der Deutschen Akademie der Wissenschaften zu Berlin. Bd. 1. Berlin 1962.

Wichtiger als der Goedeke, der zudem nicht überall greifbar sein wird, sind die kürzer gefaßten bibliographischen Handbücher der Literaturwissenschaft. Das „Deutsche Literatur-Lexikon" von Wilhelm Kosch (2. Aufl. 4 Bde. Bern 1949–58) wurde wegen seines biographischen Teils schon genannt; es sei hier als auswählendes, manchmal ungenau zitierendes bibliographisches Werk noch einmal aufgeführt und auf die Neufassung (3. Aufl.) verwiesen (vgl. oben S. 36). Sekundärliteratur, die nach 1948 erschienen ist, fehlt in einer weiteren Bibliographie, die sich aber durch Sicherheit der Titelauswahl und durch hohe Zitiergenauigkeit auszeichnet:

Josef Körner: Bibliographisches Handbuch des deutschen Schrifttums. 3. Aufl. Bern 1949
(Unveränderter Nachdruck Bern u. München 1966)

An Stelle einer geplanten Neubearbeitung des „Körner" erscheint nun eine Folge von Epochenbibliographien:

Handbuch der deutschen Literaturgeschichte. Zweite Abteilung: Bibliographien. Hrsg. v. Paul Stapf. Bisher 9 Bde. Bern u. München 1969 ff.

Das Werk wird nach Abschluß in zwölf Bänden Primär- und Sekundärliteratur zu den Epochen der deutschen Literaturgeschichte vom frühen Mittelalter bis zur Gegenwart verzeichnen. (Unter dem gleichen Obertitel werden, wie schon erwähnt, als „Erste Abteilung" literaturgeschichtliche „Darstellungen" publiziert; vgl. oben S. 43).

Über das Gebiet der deutschen Literatur hinaus reicht eine Bibliographie, die freilich zu sehr rigoroser Titelauswahl gezwungen ist:

Hanns W. Eppelsheimer: Handbuch der Weltliteratur von den Anfängen bis zur Gegenwart. 3. Auf. Frankfurt am Main 1960.

Als abgeschlossene Auswahlbibliogrpahie in vier Bänden (von denen der abschließende Registerband noch aussteht) ist das folgende Werk konzipiert:

Internationale Bibliographie zur Geschichte der deutschen Literatur von den Anfängen bis zur Gegenwart.
Tl. I: Von den Anfängen bis 1789. München u. Berlin 1969.
Darin auch: Allgemeiner Teil; Jugendliteratur
Tl. II, 1 und 2: Von 1789 bis zur Gegenwart. 1971 f.

Es handelt sich um eine Lizenzausgabe der bereits im Verlag Volk und Wissen (Ost-Berlin) erschienenen Bibliographie, die von zahlreichen Germanisten aus der DDR und Osteuropa gemeinsam erarbeitet wurde. Systematische Titelaufnahme bis 1964; weitere Nachträge. Besonderes Augenmerk gilt u. a. progressiven und revolutionären Literaturströmungen, den Nachbardisziplinen der Literaturwissenschaft (Publizistik, Pädagogik usw.), schließlich auch der Kinder- und Jugendliteratur. Der dritte Band (Tl. II, 2) dürfte grundlegende Bedeutung besonders für die Erforschung der DDR-Literatur gewinnen. Insgesamt ein sowohl handliches als sehr materialreiches bibliographisches Werk, das sich der praktischen Arbeit auch des Studenten sehr empfiehlt.

Die besonderen Bedürfnisse des *Literaturdidaktikers* soll schließlich ein weiteres Handbuch berücksichtigen:

Heiner Schmidt: Bibliographie zur literarischen Erziehung. Gesamtverzeichnis von 1900 bis 1965. Zürich/Einsiedeln/Köln 1967.

Die Nützlichkeit dieses Werkes wird allerdings durch seinen problematischen Aufbau beeinträchtigt. Während ein erster Teil ca. 1300 Monographien *systematisch* nach den Bereichen Sprachwissenschaft und -pädagogik, Literaturwissenschaft und -pädagogik, Jugendkunde und literarische Jugendpflege ordnet, sind im zweiten Teil über 12000 Aufsätze aus Zeitschriften und Sammelbänden verzeichnet – allerdings unter *alphabetisch* geordneten Schlagwörtern (z. B. Abenteuerbuch, Gedicht im Unterricht, Kitsch). Dadurch wird die Handhabung etwas schwierig: man muß etwa zweimal nachschlagen, um Standardwerke (S. 87ff.) und Aufsätze (S. 513ff.) zum Märchen zu finden. Überdies erscheint die Auswahl der im ersten Teil aufgeführten Monographien etwas zufällig; nützlicher ist der Nachweis der Aufsätze (auch aus pädagogischen Zeitschriften, die von den germanistischen Fachbibliographien sonst nicht erfaßt werden). Literatur zu einzelnen Autoren ist hier nicht verzeichnet.

Für die Arbeit des künftigen Lehrers kommt schließlich auch ein sehr pragmatisch ausgerichtetes Bändchen in Frage:

Reinhard Schlepper: Was ist wo interpretiert? Eine bibliographische Handreichung für den Deutschunterricht. Paderborn 1970.

Es verzeichnet – ohne Anspruch auf Vollständigkeit – Interpretationen zu literarischen Texten für den Deutschunterricht. Berücksichtigt sind im Zeitraum von 1945 bis 1969 auch die ,,Unterrichtshilfen" zahlreicher Lehrerhandbücher usw., die in germanistischen Fachbibliographien nicht erscheinen. Leider fehlen dabei kritische Anmerkungen, so daß der Wert dieser Interpretationenkunde für den Lehrer fragwürdig wird. Sie macht Material nutzbar, das methodisch und ideologisch weitgehend schon überholt ist (Orientierung an der werkimmanenten Interpretation bzw. am traditionellen Deutschunterricht).

Die Krise und Neuorientierung der Germanistik/Literaturwissenschaft in den letzten Jahren spiegelt sich in einer Vielzahl wissenschaftlicher und publizistischer Veröffentlichungen, die in einer neuen Spezialbibliographie dokumentiert werden:

Gisela Herfurth, Jörg Hennig, Lutz Huth: Topographie der Germanistik. Stand-
ortbestimmungen 1966 – 1971. Berlin 1971.

In der systematischen Gliederung erscheinen u. a. folgende Themenbe-
reiche: Hochschuldidaktik, Literaturwissenschaft und Linguistik, Germanistik und Schule (Schulbuchdiskussion).

Periodische Fachbibliographien

Es ist leicht zu erkennen, daß mit Hilfe der genannten Handbücher
die Sekundärliteratur meist nur bis zur Mitte der sechziger Jahre ermittelt werden kann. Gerade die Erfassung der neuesten wissenschaftlichen Arbeiten ist jedoch für den Studenten wichtig. Die Information der *abgeschlossenen* Fachbibliographien muß deshalb ergänzt werden durch die der *periodischen* Fachbibliographien.
    Am wichtigsten ist die

Bibliographie der deutschen Literaturwissenschaft. Hrsg. v. Hanns W. Eppelsheimer (ab Bd. 2 bearbeitet v. Clemens Köttelwesch). Bd. 1 ff. Frankfurt am
Main 1957 ff.
(Ab Bd. 9 [1969]: Bibliographie der deutschen Sprach- und Literaturwissenschaft)

Bis Band 8 erfaßt diese fortlaufende Bibliographie jeweils die Sekundärliteratur (keine Primärliteratur!), die in den zwei (Bd. 1: acht,
Bd. 2: drei) Jahren zuvor publiziert wurde. Ab Band 9, der erstmals
den Bereich der Sprachwissenschaft (Linguistik) hinzunimmt, erscheint der „Eppelsheimer/Köttelwesch" nun in einjährigem Abstand. (Geplant ist, das in den Bänden 1 – 9 enthaltene Material über-
arbeitet und ergänzt in einem „Bibliographischen Handbuch der deutschen Literaturwissenschaft 1945 – 1969" zusammenzufassen. Es erscheint seit 1971 in einzelnen Lieferungen.)
    Der Aufbau aller Bände wird durch eine Zweiteilung bestimmt:
auf einen *systematisch-allgemeinen* Teil folgt ein *literarhistorischer.*
Der erste Teil verzeichnet beispielsweise Arbeiten zur Literatur-

und Gattungstheorie, der zweite nach Epochen gegliedert Titel zu den einzelnen Autoren. Doch findet sich auch am Beginn jedes Epochenabschnittes eine Rubrik „Allgemeines", „Zu einzelnen Gattungen" usw., unter der Literatur z. B. zum Drama oder Roman des betreffenden Zeitraumes angeführt wird.

Will man etwa die nach 1945 veröffentlichte Sekundärliteratur zu Kafkas Romanen ermitteln, so muß man in *allen* Bänden unter „Kafka" (im Abschnitt „20. Jahrhundert") nachschlagen. Andererseits wird man aber auch grundlegende Arbeiten zum Roman bzw. zum modernen Roman berücksichtigen, die sich im systematischen Teil bzw. in den Epochenabschnitten finden. Wenn die komplizierte Anlage der Bibliographie verwirren sollte, empfiehlt es sich, gesuchte Autoren oder Sachbegriffe über das *Register* am Schluß jedes Bandes nachzuschlagen.

Um nun zusätzlich solche Arbeiten zu erfassen, die *nach* dem jeweils neuesten Band des „Eppelsheimer/Köttelwesch" erschienen sind, muß eine weitere periodische Bibliographie (bzw. bibliographische Zeitschrift) konsultiert werden:

Germanistik. Internationales Referatenorgan mit bibliographischen Hinweisen. Hrsg. v. T. Ahlden u. a. Jg. 1ff. Tübingen 1960ff.

Diese vierteljährlich publizierte Schrift verzeichnet in ähnlicher Gliederung wie der „Eppelsheimer/Köttelwesch" die jüngsten Veröffentlichungen — und zwar nicht nur deren Titel, sondern meist auch eine kritische Besprechung (Rezension), die ein Urteil über den wissenschaftlichen Wert des jeweiligen Werkes abgibt. Damit nähert man sich der Form der *kommentierenden Bibliographie.* Kommentierende, d. h. wertende Bibliographien werden häufig zu engeren Gebieten, einzelnen Autoren oder Werken erstellt. Solche Sonderbibliographien können in Buchform, aber auch im Rahmen einer Fachzeitschrift erscheinen. Dies gilt ebenso für sogenannte *Forschungsberichte*, die den gegenwärtigen Stand der Wissenschaft zu einem bestimmten Problem, einem Autor, einer Epoche usw. darlegen. Gleichzeitig wird auf noch offene Forschungsaufgaben verwiesen und die relevante Spezialliteratur aufgeführt. Um solche Forschungsberichte, aber auch sonst die allerjüngsten Veröffentlichungen berücksichtigen zu können, sollte man generell die neuen Hefte der wichtigsten Fachzeitschriften (vgl. unten) verfolgen.

Über *Forschungs-, Editions-* und *Dissertationsvorhaben* unterrichtet seit neuestem ein weiteres Informationsorgan des Faches:

Jahrbuch für Internationale Germanistik. Hrsg. v. Claude David u. a. Bd. 1 ff. Bad Homburg 1969 ff.

Plant man eine *Doktorarbeit* (Dissertation), so ist es ratsam, deren Thema in diesem Jahrbuch vermerken zu lassen, um der Gefahr einer doppelten Bearbeitung zu entgehen.

Allgemeine Bibliographien

Die allgemeinen, d. h. fächerübergreifenden bibliographischen Werke wird der Literaturwissenschaftler meist nur zur Lösung von Sonderproblemen benutzen — also dann, wenn die Fachbibliographien versagen. (Während man bei der Suche nach Sachinformationen mit den *allgemeinen* Nachschlagewerken beginnen und von dort zu den Fachlexika übergehen kann, ist es beim Bibliographieren, d. h. der Suche nach Literatur umgekehrt: man beginnt mit möglichst speziellen *fachlichen Bibliographien* und ergänzt sie allenfalls durch die allgemeinen.) Nützlich können vor allem die folgenden Allgemeinbibliographien werden:

1. *Bücherverzeichnisse,* d. h. periodisch erscheinende Listen aller Neuerscheinungen, die von Nationalbibliotheken oder Buchhandelsverbänden herausgegeben werden und einen exakten Überblick über Umfang und Zusammensetzung der *aktuellen Literaturproduktion* geben. Für die deutsche Literatur:

Deutsche Nationalbibliographie. Gesamtverzeichnis des in Deutschland erschienenen Schrifttums und der deutschsprachigen Schriften des Auslandes. Bearb. v. d. Deutschen Bücherei. Jg. 1 ff. Leipzig 1931 ff.

Deutsche Bibliographie. Wöchentliches Verzeichnis. Jg. 1 ff. Frankfurt am Main 1947 ff.

Beide Verzeichnisse erscheinen *wöchentlich,* enthalten neben der Fachliteratur aller Gebiete auch Belletristik und sog. Trivialliteratur und sind nach Sachgebieten gegliedert (z. B. „Sprach- und Literaturwissenschaft"). Sie werden nachträglich zu Halbjahres-, Jahres- und Mehrjahresverzeichnissen zusammengefaßt, die man zweckmäßigerweise bei der Suche nach älteren Titeln benutzt. Um sich in der ‚mehrgleisigen' Anlage der Werke zurechtzufinden, sollte der Anfänger sich nicht scheuen, die Fachkräfte der Bibliotheken um Beratung zu bitten (die Bücherverzeichnisse sind meist nur in großen Büchereien zugänglich).

2. Als Gegenstück zu den Bücherlisten ein Verzeichnis der in *Zeitschriften* erschienenen Aufsätze:

Internationale Bibliographie der Zeitschriftenliteratur. Begr. v. F. Dietrich. Bd. 1 ff. Leipzig (später Osnabrück) 1897 ff.

Der sog. *„Dietrich"* erfaßt eine Vielzahl in- und ausländischer Zeitschriften und registriert die dort publizierten Beiträge unter Schlagwörtern (z. B. Kriminalroman, Kinderbuch usw.). Man kann hier oft Arbeiten ermitteln, die in den Fachbibliographien nicht aufgeführt sind.

3. Ein Verzeichnis von *Dissertationen,* Habilitationsschriften usw., die nicht im Buchhandel erschienen sind und deshalb in Bücherverzeichnissen und Fachbibliographien nicht vermerkt werden:

Jahresverzeichnis der deutschen Hochschulschriften. Bd. 1 ff. Berlin 1897 ff.

4. Schließlich ist zu nennen eine *„Bibliographie der Bibliographien",* d. h. ein Nachschlagewerk, das allgemeine und spezielle Bibliographien zu den verschiedensten Themen- und Fachbereichen nennt und erläutert:

Wilhelm Totok, Rolf Weitzel, Karl-Heinz Weimann: Handbuch der bibliographischen Nachschlagewerke. 3. Aufl. Frankfurt am Main 1966.

Zeitschriften

Mit Hilfe des „Dietrich" bzw. der periodischen Fachbibliographien (insbesondere „Germanistik") kann man die Zeitschriftenaufsätze zu einem Thema bibliographisch erfassen; jedoch nur bis etwa zum jeweils vergangenen Jahr. Nun sind aber die wissenschaftlichen Fachzeitschriften, daneben auch Literatur- und Kulturzeitschriften, der wichtigste Ort für aktuelle wissenschaftlich-kritische Diskussion. Um über solche Diskussionen, über Neuentwicklungen und methodische Neuansätze des Faches informiert zu sein, empfiehlt es sich, regelmäßig die jüngsten Hefte der wichtigsten Zeitschriften durchzusehen. Nicht selten wird man dabei nützliche Beiträge auch zum eigenen Thema finden.

Im folgenden werden die wichtigsten Zeitschriften (mit den beim Zitieren üblichen Abkürzungen) aufgeführt.

–	Arcadia. Zeitschrift für vergleichende Literaturwissenschaft. Jg. 1 ff. 1966 ff.
DVjs.	Deutsche Vierteljahrsschrift für Literaturwissenschaft und Geistesgeschichte. Jg. 1 ff. 1923 ff.
Euph.	Euphorion. Zeitschrift für Literaturgeschichte. Jg. 1 ff. 1894 ff.
EtGerm.	Etudes Germaniques. Jg. 1 ff. (Paris) 1946 ff.
GRM	Germanisch-Romanische Monatsschrift. Jg. 1 ff. 1909 ff.
LiLi	Zeitschrift für Literaturwissenschaft und Linguistik. Jg. 1 ff. 1971 ff.
MLR	Modern Language Review. A quarterly journal. Jg. 1 ff. (Cambridge) 1905 ff.
PMLA	Publications of the Modern Language Association of America. Jg. 1 ff. (Menasha/Wisc.) 1984 ff.
–	Poetica. Zeitschrift für Sprach- und Literaturwissenschaft. Jg. 1 ff. 1967 ff.
WB	Weimarer Beiträge. Zeitschrift für Literaturwissenschaft, Ästhetik und Kulturtheorie (früher: Zs. f. deutsche Literaturgeschichte). Jg. 1 ff. 1955 ff.
WW	Wirkendes Wort. Deutsches Sprachschaffen in Lehre und Leben. Jg. 1 ff. Jg. 1950/1 ff.
ZfdPh.	Zeitschrift für deutsche Philologie. Jg. 1 ff. 1869 ff.

Unter diesen ‚etablierten' literaturwissenschaftlichen Zeitschriften gilt die DVjs. wohl als renommierteste (mit wichtigen Forschungsberichten); einige Organe bringen Beiträge auch zu *außerdeutschen* Literaturen (GRM, MLR, PMLA u. a.). Poetica und Lili verbinden literaturwissenschaftliche und linguistische Fragestellungen; WW geht gelegentlich auch auf Probleme des Deutschunterrichts ein. Die WB schließlich sind als die führende Zeitschrift der DDR-Germanistik von besonderer Bedeutung. Probleme der Literatur- und Sprachdidaktik bzw. des Deutschunterrichts werden ausführlich diskutiert in:

DD   Diskussion Deutsch. Zeitschrift für Deutschlehrer aller Schulformen in Ausbildung und Praxis. Jg. 1 ff. 1970 ff.

DU   Der Deutschunterricht. Beiträge zu seiner Praxis und wissenschaftlichen Grundlegung. Jg. 1 ff. (*Stuttgart*) 1947 ff.

Nicht zu verwechseln mit:

Deutschunterricht. Zeitschrift für Erziehungs- und Bildungsaufgaben des Deutschunterrichts. Jg. 1 ff. (*Leipzig*) 1948 ff.

Dabei entwickelte sich DD — in einer gewissen Frontstellung zum eher traditionalistisch orientierten DU (Stuttgart) — in kurzer Zeit zum Sprachrohr einer progressiven Sprach- und Literaturdidaktik.

Daneben gibt es eine Reihe von literarischen und politisch-kulturellen Zeitschriften:

Ästhetik und Kommunikation. Beiträge zur politischen Erziehung. Jg. 1 ff. 1970 ff. [Durchlaufende Heftzählung]
Akzente. Zeitschrift für Literatur. Jg. 1 ff. 1954 ff.
alternative. (Früher: Zeitschrift für Literatur und Diskussion.) Jg. 1 ff. 1957 ff. [Durchlaufende Heftzählung]
Merkur. Deutsche Zeitschrift für europäisches Denken. Jg. 1 ff. 1947 ff. [Durchlaufende Heftzählung]
Neue Rundschau. Jg. 1 ff. 1890 ff.
Text + Kritik. Zeitschrift für Literatur. H. 1 ff. 1963 ff.

Für die Neuorientierung der Literaturwissenschaft (im Hinblick auf neue Gegenstände, neue Methoden und ein neues, gesellschaftsbezogenes Selbstverständnis) sind manche dieser Zeitschriften anregender als die oben genannten fachwissenschaftlichen Periodika, die sich oft nur schwer vom herkömmlichen Wissenschafts- und Literaturbegriff lösen können. Beachtenswert ist etwa die „alternative", die in mehreren Heften Positionen materialistischer Literaturtheorie diskutiert und daneben „Gegenmodelle" für den Deutschunterricht zu entwickeln sucht. „Ästhetik und Kommunikation" bringt wichtige Beiträge zur Medientheorie, zur proletarischen Literatur, zum Kinderbuch usw. „Text + Kritik" widmet jedes Heft einem, meist zeitgenössischen Autor (z. B. H. 33: Heinrich Böll) und enthält jeweils eine nützliche Personalbibliographie.

Einzelhefte zu „Fragen der Ästhetik" finden sich im Rahmen politisch-gesellschaftswissenschaftlich orientierter Zeitschriften (Kursbuch, Das Argument); Aufsätze und Forschungsberichte zum Sprach- und Literaturunterricht sind in pädagogischen Blättern verstreut (betrifft: erziehung, Die deutsche Schule, Zeitschrift für Pädagogik, Neue Sammlung, Westermanns Pädagogische Beiträge).

Über weitere allgemeine und fachgebundene Zeitschriften informieren die Bücherkunden von Paul Raabe und Johannes Hansel. Ein zusätzliches Hilfsmittel zur Literaturermittlung sind die *Gesamtregister* zu verschiedenen Zeitschriften, z. B. zu Bd. 1 − 40 (1923 − 66) der DVjs. und zu Bd. 1 − 20 (1947 − 68) des DU.

3. Dokumentation und Auswertung der Literatur

Ist unter Benutzung der bibliographischen Hilfsmittel die gesamte Primär- und Sekundärliteratur zu einem Problem oder Arbeitsvorhaben ermittelt, so bestehen die nächsten Arbeitsgänge darin, dies Material

1. übersichtlich zu dokumentieren,
2. bibliothekarisch zu beschaffen und schließlich
3. zu sichten und möglichst effektiv auszuwerten.

Dokumentation: Titelkartei

Es erweist sich als nützlich, die in den Bibliographien verzeichneten
Titel nicht auf beliebigen Blättern, in Heften usw. zu notieren, sondern
eine *Titelkartei* anzulegen, die sowohl die augenblickliche Arbeit erleichtert als auch späterhin wieder benutzbar ist. (Analog sollte die
inhaltliche Auswertung der gelesenen Literatur mit Hilfe einer *Materialkartei* geschehen – vgl. unten.) Für die Titelkartei kann man Karteikarten bzw. Zettel des Formats DIN A 6 quer (Postkartenformat) oder
auch DIN A 7 quer (halbe Postkarte) verwenden. Das größere Format,
das auch für die Materialkartei geeignet ist, ermöglicht dabei eine über-
sichtlichere und vollständigere Titelnotierung. Durch Verwendung
verschiedenfarbiger Karten kann man die Titelkartei selbst untergliedern
(z. B.: gelbe Karten = Primärliteratur, Quellen; rote Karten = Sekundärliteratur).

Wichtig ist es, die Titel möglichst genau zu vermerken. „Großzügig-
keit" bei der Aufnahme rächt sich meist in einem späteren Stadium der
Arbeit: wenn etwa bei der Reinschrift eines Referats oder einer Examensarbeit einzelne Angaben (Erscheinungsjahr, Seitenzahl usw.) fehlen,
die man nur schwer noch nachträglich beschaffen kann. In Bibliographien
erscheinen allerdings die vermerkten Arbeiten meist mit stark abgekürzten Titeln (Raumproblem). Man muß also diese Kurztitel, die
zur Beschaffung des fraglichen Buches ausreichen, später anhand
des Werkes selbst ergänzen. Maßgebend für die Titelzitation sind
dabei nicht die Angaben auf dem Buchdeckel, sondern die auf der
inneren Titelseite. Für die Titelnotiz selbst gibt es gewisse Zitierregeln, die unbedingt zu beachten sind:

Vermerkt werden müssen mindestens Familienname, Vornamen
des Verfassers, Titel des Werkes, möglicher Untertitel, Erscheinungsort und Erscheinungsjahr (in dieser Reihenfolge). Der Familienname
des Autors steht hier an erster Stelle, um die alphabetische Einord-
nung in die Titelkartei möglich zu machen. (Wird ein Titel im Text
oder in einer Fußnote der eigenen schriftlichen Arbeit zitiert, so ist
diese Umstellung unnötig. Vgl. unten S. 84.)

Ein Beispiel:

Hinck, Walter: Die deutsche Ballade von Bürger bis Brecht. Kritik und Versuch einer Neuorientierung. Göttingen 1968.

Nach dem Verfassernamen steht ein Doppelpunkt. Weiterhin werden die Einzelangaben durch Punkte getrennt (Ausnahme: Erscheinungsort und -jahr). Angabe des Verlags ist unnötig. Die Auflage wird nur vermerkt, wenn es sich nicht um die erste handelt:

Kayser, Wolfgang: Kleine deutsche Versschule. 13. Aufl. Bern u. München 1968.

Die Auflagenziffer kann wie vorstehend angegeben, aber auch als Hochzahl vor das Erscheinungsjahr gerückt werden ([13] 1968). Für Typoskripte, die teilweise engzeilig geschrieben sind, empfiehlt sich die erste Notierungsweise.

Herausgeber einer Textausgabe oder eines Sammelwerkes werden durch den Zusatz (Hrsg.) oder (Hrsg. v.) kenntlich gemacht. Treten zwei Autoren oder Herausgeber auf, so werden beide genannt – der zweite ohne Namensumstellung:

Baumgärtner, Alfred Clemens u. Malte Dahrendorf (Hrsg.): Wozu Literatur in der Schule? Beiträge zum literarischen Unterricht. Braunschweig 1970.

Bei mehrbändigen Werken muß die Bandzahl vermerkt werden:

Rohner, Ludwig (Hrsg.): Deutsche Essays. Prosa aus zwei Jahrhunderten. 4 Bde. Neuwied u. Berlin 1968 – 70.

Wird von den 4 Bänden des Beispiels nur einer benutzt, so wäre statt „4 Bde." etwa zu schreiben: „3. Bd.". Hinzuzusetzen ist dann jeweils das Erscheinungsjahr des Bandes (in diesem Falle: 1969). Sind mehr als zwei Erscheinungsorte angegeben, so werden sie durch Schrägstriche voneinander abgetrennt (vgl. S. 36 die Titelnotierung „Meyers Handbuch über die Literatur"). Fehlende Orts- und Jahresangaben werden durch „o. O." bzw. durch „o. J." angezeigt. Bei mehr als drei Erscheinungsorten wird nur der erste genannt und mit dem Zusatz „u. a." versehen. Die gleiche Regelung gilt, wenn mehr als drei Autoren bzw. Herausgeber für ein Buch verantwortlich zeichnen.

Führt man *Aufsätze aus Sammelbänden* an, so sind Einzeltitel *und* Gesamttitel zu zitieren, auch die genauen Seitenzahlen des Einzelbeitrags sollten nicht fehlen, z. B.:

Heißenbüttel, Helmut: Spielregeln des Kriminalromans. In: H. H.: Über Literatur. Olten u. Freiburg/Brsg. 1966. S. 96–110.

Erscheint ein Buch innerhalb einer wissenschaftlichen Reihe, so muß auch deren Titel (in Klammern) vermerkt werden. In manchen Fällen sind also Aufsatztitel, Buchtitel und Reihentitel aufzuführen:

Kayser, Wolfgang: Kleist als Erzähler. In: Walter Müller-Seidel (Hrsg.): Heinrich von Kleist. Aufsätze und Essays. Darmstadt 1967. S. 230 – 243. (= Wege der Forschung CCX)

Bei *Zeitschriftenaufsätzen* ist neben dem Einzeltitel die Zeitschrift, die Bandzahl (meist = Jahrgang) *und* das jeweilige Erscheinungsjahr anzugeben. Die Seitenzahl schließt sich an. Eine Ausnahme bildet die Zeitschrift „Der Deutschunterricht", deren Jahrgangsbände nicht, wie sonst üblich, durchpaginiert sind. Hier hat dagegen jedes Heft eine eigene Seitenzählung – deshalb muß beim „Deutschunterricht" neben dem Jahrgang auch die *Heft*nummer vermerkt werden.

Goheen, Jutta: Der lange Satz als Kennzeichen der Erzählweise in „Michael Kohlhaas". In: WW 17 (1967) S. 239–246.

Aber:

Kloehn, Ekkehard: Die Lyrik Wolf Biermanns. In: DU 21 (1969) H. 5. S. 126–133.

Während „Der Deutschunterricht" jeweils die *Hefte eines Jahrgangs* (H. 1–6) durchzählt, verwenden andere Zeitschriften (vor allem politisch-kulturelle) neben der Jahrgangszählung eine durch alle Bände laufende Einzelheftzählung, z. B.:

Buch, Hans-Christoph: James Bond oder: Der Kleinbürger in Waffen. In: Der Monat 17 (1965) H. 203. S. 39–49.

Manche Zeitschriften schließlich verzichten völlig auf eine Jahrgangszählung und numerieren die erscheinenden Hefte fortlaufend durch:

Schultz, Uwe: Zwischen Virtuosität und Vakuum. Über Peter Handkes Stücke. In: Text + Kritik 24. S. 21 – 29.

Bei der Zitation fachwissenschaftlicher Zeitschriften können die üblichen Abkürzungen benutzt werden (vgl. oben S. 57 f.).

Nach den vorstehenden Richtlinien werden also die Titel der ermittelten Literatur auf die Karteikarten übertragen. Im Interesse der Übersichtlichkeit sollten die Angaben in graphisch aufgelockerter Form niedergeschrieben werden (einzelne „Blöcke" für Verfassernamen, Titelangaben und Erscheinungsdaten).

Zusätzlich können auf der Karte praktische Hinweise vermerkt werden (z. B. die Signatur des Werkes in der örtlichen Bibliothek oder Hinweise für Exzerpte). Ein Beispiel:

A d o r n o , Theodor W.:

Rede über Lyrik und Gesellschaft.
In: Th.W. A.: Noten zur Literatur I.

Frankfurt am Main 1958. S. 73–104.

Stadtbibl.: Lit. 1958/463b

fotokopieren!

Es sei hier noch auf eine andere Möglichkeit der Titelaufnahme verwiesen, die sich aus arbeitsökonomischen Gründen empfiehlt. Hat man sich die neueste Spezialuntersuchung zur eigenen Themenstellung beschafft, so erspart einem die Fotokopie des darin enthaltenen Literaturverzeichnisses die Mühe des Abschreibens, indem man die dort angeführten Titel ausschneidet und auf je eine Karteikarte klebt.

In jedem Fall kann man in der Titelkartei auch eine große Zahl solcher Karten leicht ordnen (meist alphabetisch, in Ausnahmefällen systematisch), kann überflüssige (für die eigene Arbeit unergiebige) Titel bzw. Karten ausscheiden und neue hinzunehmen. So kann die Übersicht über das vorhandene Material am besten gewährleistet und dessen Beschaffung und Auswertung erleichtert werden.

Tauchen beim Zitieren diffizile Sonderprobleme auf, so gibt ein Bändchen der „Sammlung Metzler" detaillierte Auskunft:

Georg Bangen: Die schriftliche Form germanistischer Arbeiten. Empfehlungen für die Anlage und die äußere Gestaltung wissenschaftlicher Manuskripte unter besonderer Berücksichtigung der Titelangaben von Schrifttum. 6. Aufl. Stuttgart 1971. (= Sammlung Metzler 13)

Abschließend soll mit allem Nachdruck betont werden, daß die Zitierregeln, die hier ausgeführt wurden, ein *Hilfsmittel* der literaturwissenschaftlichen Arbeit sind und nicht zum *Selbstzweck* werden sollten (Ausnahmen bilden allenfalls rein bibliographische Arbeiten). Es ist also durchaus möglich, auch andere Zitierweisen als die genannten zu praktizieren (z. B. die Punkte nach den Einzelangaben durch Kommata zu ersetzen).

Leitendes Kriterium bei der Titelaufnahme soll nicht ein abstraktes Regelsystem sein, sondern die Erfordernis der jeweiligen Arbeit bzw. ihres Gegenstandes. Wichtig ist nur, die einmal gewählte Zitierweise *widerspruchsfrei* durchzuführen, um mögliche Verwirrungen auszuschalten. In jedem Fall ist die Titelangabe so exakt zu halten, daß das betreffende Werk mit ihrer Hilfe jederzeit wieder bibliothekarisch beschafft werden kann.

Literaturbeschaffung: Bibliothek

Für die Beschaffung der ermittelten Literatur wird man sich in den allermeisten Fällen der Hilfe der örtlichen Bibliotheken bedienen. Für diesen Arbeitsgang präzise Anleitung zu geben, fällt deshalb schwer, weil die örtlichen Verhältnisse in dieser Hinsicht sehr unterschiedlich sind. Es empfiehlt sich jedenfalls — gerade für den Studienanfänger —, die Einrichtung und Arbeitsweise der jeweiligen Universitäts-, Hochschul- oder Seminarbibliotheken gründlich zu studieren. (Häufig werden von den Bibliotheken selbst Einführungskurse organisiert.) Bei der ,,Jagd" nach einem recht begehrten Titel (Standardwerke, Lehrbücher) ist es oft von Nutzen, neben der wissenschaftlichen Bibliothek (,,UB" o. ä.) auch andere lokale Büchereien (Stadtbibliothek, Volksbücherei) zu berücksichtigen. Gerade auf literarischem Gebiet sind sie oft recht gut ausgestattet.

Wichtigstes Hilfsmittel für die Bibliotheksbenutzung sind in jedem Fall die *Kataloge* (Bestandsverzeichnisse). Der äußeren Form nach sind sie entweder als *Kartei* oder als *Bandkatalog* (Buchform) aufgebaut. Was die innere Anlage betrifft, so unterscheidet man grundsätzlich zwei Katalogtypen:

---

1. der *Verfasserkatalog* dokumentiert in *alphabetischer* Ordnung meist den Gesamtbestand einer Bibliothek. Maßgebend sind dabei die *Autorennamen* bzw. die *Werktitel* (bei anonymen Werken u. ä.).

2. *Schlagwortkataloge* sind meist auf ein Sachgebiet (z. B. Literaturwissenschaft) begrenzt und ordnen den jeweiligen Bestand systematisch oder alphabetisch unter Schlüsselbegriffen, den „Schlagwörtern" (z. B. Metrik, Gesellschaftsroman). In Schlagwortkatalogen werden gelegentlich auch die Einzelbeiträge neuerer Zeitschriften „verzettelt"; der Katalog dient dann als zusätzliche Bibliographie.

Arbeiten, die in keiner der örtlichen Bibliotheken vorhanden sind, kann man im allgemeinen über die „*Fernleihe*" erhalten. Fast alle öffentlichen Büchereien sind an dieses gegenseitige Hilfssystem angeschlossen, das bestellte Titel aus einer auswärtigen Bibliothek beschafft. Eine relativ lange Beschaffungszeit muß man dabei freilich in Kauf nehmen. Zeitschriftenaufsätze und andere kurze Beiträge werden dem Besteller (gegen eine geringe Schutzgebühr) meist als Fotokopie überlassen.

Auswertung: Materialkartei

Die inhaltliche Erarbeitung und Auswertung der beschafften Literatur schlägt sich in der oben schon genannten *Materialkartei* nieder. Allerdings sollte gerade die Auswertung nicht überstürzt, sondern planvoll vorgenommen werden. Als erster Schritt ist die *Sichtung* der vorliegenden Quellen und Sekundärwerke notwendig. Anhand des jeweiligen Buches/Aufsatzes wäre zuerst über dessen Titel und Aufbau (Inhaltsverzeichnis!) zu reflektieren. Dabei kann sich bereits ein vorläufiger Aufschluß über die Darstellungsintention und Arbeitsrichtung ergeben. Es kann sich zeigen, daß das eigene Studienvorhaben davon überhaupt nicht oder nur punktuell berührt wird. Konsequenterweise schaltet man solche Titel völlig aus (auch aus der Titelkartei) — oder verwertet sie nur in einzelnen Teilen (sogenanntes „selektives" Lesen). Auch über das *Personen-* und *Sachregister* vieler Bücher lassen sich Berührungspunkte mit der eigenen Problemstellung erkennen. Unnütz ist es auch nicht, sich über das Erscheinungsjahr Gedanken zu machen: häufig kann man daraus bereits auf die wissenschaftsgeschichtliche und methodische

Position von Autor und Werk schließen (Vorsicht bei Neuauflagen älterer Werke!).

In vielen Fällen kann man die gesammelte Literatur von zwei „Seiten" angehen: *Nachschlagewerke, Einführungen* und dergleichen geben Rahmeninformationen über ein Sachgebiet; die Lektüre der *neuesten Spezialarbeiten* oder Forschungsberichte zeigt den aktuellen Stand der Forschung an und kann u. U. das Studium älterer, überholter Werke überflüssig machen.

Nach dieser kritischen Sichtung wird man zur *Auswertung* der relevanten Literatur gehen. Auch dabei sollte man von Anfang an Karteikarten (DIN A 6 oder besser noch DIN A 5 quer) benutzen. Vorteile liegen ähnlich wie bei der Titelkartei in der optimalen Organisation des konkreten Arbeitsprojekts und in der Möglichkeit, das erarbeitete Material über dies Projekt hinaus geordnet aufzubewahren und bei späteren Anlässen mühelos wieder zu benutzen.

Was wird nun auf den Materialkarten vermerkt? Grob gesagt: Textstellen und Bemerkungen, die man aus ihrem ursprünglichen Zusammenhang herausheben und in den des eigenen Arbeitsvorhabens eingliedern will. Man kann bei einiger Vereinfachung vier Kategorien unterscheiden:

(1) *Zitate aus den benutzten Quellen (Primärliteratur)* wird man – wenn die Quellen in Buchform vorliegen – nur in beschränktem Umfang in die Materialkartei aufnehmen (keine unnötige Abschreibarbeit). Oft genügt es dabei, auf die jeweilige Textstelle im Buch nur zu verweisen und sie erst ins endgültige Typoskript einer Arbeit abschriftlich zu übernehmen. Bei Quellen, die ein zweites Mal nicht mehr leicht zu beschaffen sind (seltene Drucke, Manuskripte z. B. aus Nachlässen usw.), werden die Quellenzitate in der Materialkartei umfangreicher sein. Nach Möglichkeit sollte man dabei *Fotokopien* herstellen: sie sparen nicht nur Arbeitszeit und -mühe, sondern garantieren auch (im Gegensatz zur manuellen Abschrift) eine absolut zuverlässige Textwiedergabe.

(2) *Wörtliche Zitate aus der Sekundärliteratur* machen häufig den größten Teil der Materialkartei aus. Gerade sie sollten mit Überlegung ausgewählt werden. Des „Exzerpierens" (= Herausziehens) wert sind Literaturstellen etwa folgender Art:
   a) Einzelargumente, -gedanken, -wertungen eines Autors, die man in einen eigenen Gedankengang einfügen will,

b) Ergebniszusammenfassungen,

c) einzelne Formulierungen, die − in positivem oder negativem Sinn − bemerkenswert erscheinen,

d) Materialien (z. B. unbekannte Quellen, die im betreffenden Sekundärwerk zitiert sind).

Allgemein gilt für Zitate aus der Sekundärliteratur: Sie sollten nicht zu knapp ausfallen (ganze Sätze, geschlossener Gedankengang), andererseits nicht zu lang sein. Statt sehr umfangreicher Exzerpte empfiehlt sich wiederum die Anfertigung von Fotokopien (die entweder zerschnitten und auf Karten aufgeklebt oder gefaltet in die Kartei eingeordnet werden). In jedem Fall ist auf den sorgfältigen Beleg für die Herkunft des Zitats zu achten (Seitenzahlen; Übergang auf die nächste Seite des Originals im Exzerpt bezeichnen).

(3) *Sinngemäße Wiedergabe (Paraphrase)* von Textpassagen oder ganzen Aufsätzen ist oft sinnvoller als wörtliche Abschrift. Das gilt besonders, wenn das Interesse weniger auf Einzelargumente oder -formulierungen gerichtet ist als vielmehr auf den gesamten Argumentationsgang, auf die Methode oder Forschungsposition eines Beitrags. Günstige Formen sinngemäßer Wiedergabe sind das *Resümee* (knappe, auf Details verzichtende Zusammenfassung) und die *Thesenreihe* (die dem Argumentationsgang Schritt für Schritt folgt).

(4) *Eigene Notizen, Thesen, Formulierungsentwürfe,* die aus der unmittelbaren Reflexion über den jeweiligen Gegenstand oder auch aus der Auseinandersetzung mit der Literatur entstehen, sollte man ebenfalls festhalten − auch wenn solche Notizen oft recht unsystematisch sind. Eigene Stellungnahmen zu bestimmten Positionen der Forschung sollte man möglichst den entsprechenden Zitatkarten zuordnen (gleiches Stichwort, u. U. fortlaufend numeriert − vgl. das Beispiel unten).

Man kann, um diese vier Kategorien von Exzerpten bzw. Notizen überschaubar zu ordnen, wiederum verschiedenfarbige Karteikarten benutzen. Für die Ordnung der Gesamtkartei bieten sich erneut zwei Verfahren an: *Verfasserkartei* oder *Schlagwortkartei.* Die Ordnung nach Verfassernamen und Werken ist vielleicht günstiger für eine auf dauernde Benutzung angelegte Kartei; Schlagwort-Sortierung erleichtert meist die Überschau über das laufende Arbeitsvorhaben. Konsequenterweise sollte man jedoch das einmal gewählte Ordnungssystem auch bei künftigen Arbeiten wieder aufgreifen, um die Zusammenfassung der bei verschiedenen Projekten entstandenen Karten zu einer Gesamtkartei zu ermöglichen. Für den Studierenden empfiehlt sich letztenendes wohl doch das Schlagwortverfahren.

Zur Beschriftung der Karten: Links oben steht in jedem Fall das gewählte Schlagwort (bzw. der Verfassername), rechts oben (oder unten) der Herkunftsbeleg für das betreffende Zitat. Das Zitat selbst muß in Anführungszeichen erscheinen. Zweckmäßigerweise schreibt man es in Form eines Blocks und läßt rechts davon einen Randstreifen frei, der eigene (technische) Notizen zum Zitat aufnimmt. Unten können zusätzliche eigene Bemerkungen oder *Querverweise* auf andere relevante Titel erscheinen. Die Herkunftsnachweise für Zitate können in der Materialkartei in einer Kurzform gehalten werden, wenn dadurch keine Unklarheit entsteht und die vollständigen bibliographischen Angaben mit Hilfe der Titelkartei zu ermitteln sind. Im Folgenden ein Beispiel für das Zusammenspiel von *Materialkartei* und *Titelkartei*.

Materialkarte (Exzerpt):

Lernzielbestimmung (I) Hentig: Systemzwang . . ., S. 76 f.

„Lernziele werden nicht aus den vorhandenen Einrichtungen und ihren spezifischen Gegenständen, Möglichkeiten, Methoden und Bildungsprogrammen heraus entwickelt, sondern im Blick auf die Gesellschaft gesetzt. Dabei geht es nicht um die bloße Erfüllung von sogenannten Bedürfnissen der Gesellschaft, sondern darum, die gesellschaftliche Existenz zugleich zu ermöglichen und zu verändern."

Hervorhbg.
i. Original

Speziell zum LZ des Literaturunterrichts:
vgl. Gidion: Überlegungen zum Literatur-Unterricht, besonders S. 471 f.

Materialkarte (eigene Stellungnahme zum Exzerpt):

<u>Lernzielbestimmung</u> (II)   zu Hentig: Systemzwang..., S. 76 f.

1. Kann man die gesellschaftlichen Kriterien für die Lernzielsetzung *inhaltlich näher* bestimmen?

2. Lernzielsetzung *ohne* Mitsprache der „vorhandenen Einrichtungen" (z. B. Fachdisziplinen wie Literaturwissenschaft) ist doch wohl nicht sinnvoll bzw. möglich.
   Kann man eine „beratende Funktion" der Fachwissenschaften annehmen und definieren?
   Vgl. dazu Gidion: Überlegungen ..., S. 472.

Titelkarten:

H e n t i g, Hartmut von:

Systemzwang und Selbstbestimmung.

2. Auflage. Stuttgart 1969.

Pädagog. Institut
C 608/ 1

G i d i o n, Jürgen:

Überlegungen zum Literatur-Unterricht.

In: Neue Sammlung 10 (1970).
S. 470–478.

       Fotokopie vh.

Bisher wurden einige Techniken des literaturwissenschaftlichen Studiums charakterisiert (Nachschlagen, Bibliographieren, Auswerten von Literatur), die man in den verschiedensten Studiensituationen und Arbeitszusammenhängen einsetzen kann. Die Privatlektüre des Studenten erfordert – wird sie intensiv genug betrieben – häufig die Benutzung allgemeiner und fachlicher Nachschlagewerke; die Ermittlung von Literatur zu einem bestimmten Autor oder Thema kann studienbegleitend (etwa im Anschluß an eine Vorlesung) betrieben werden; Literaturauswertung mit Hilfe der Materialkartei schließlich hat *einen* möglichen Stellenwert in der Vorbereitung für ein Seminar. Alle genannten Arbeitsvorgänge aber sind zugleich auch bezogen auf die Anfertigung schriftlicher Arbeiten als eine der wichtigsten Formen wissenschaftlicher Eigenaktivität.

Vor allem die Abschlußarbeit (Staatsexamens-, Magister- oder Doktorarbeit) soll die Fähigkeit des Studierenden zu selbständiger Darstellung und Lösung fachwissenschaftlicher Problemstellungen nachweisen. Es empfiehlt sich daher, frühzeitig auf diese Anforderungen hin zu ,,trainieren'' und sich möglichst schon vom ersten Semester an in der Abfassung schriftlicher Arbeiten zu versuchen. Dabei gilt es, mehrere Typen solcher Arbeiten zu unterscheiden, die ihren jeweils unterschiedlichen hochschuldidaktischen Stellenwert – und auch verschiedene Formgesetze haben.

Protokoll

Im Protokoll werden Verlauf und/oder Ergebnis einer Diskussion (Seminarsitzung usw.) festgehalten. Man unterscheidet deshalb zwischen *Verlaufs-* und *Ergebnisprotokoll.* Das erste wird versuchen, den Gang einer Diskussion *nachzuzeichnen* und die unterschiedlichen Positionen der Beteiligten herauszuarbeiten. Das zweite beschränkt sich darauf, die gesicherten Resultate (auch Abmachungen, Entscheidungen) einer Debatte zu *resümieren.* Das Ergebnisprotokoll wird also stets wesentlich kürzer ausfallen und auf Details weitgehend verzichten. –

Im Studienbetrieb dient das Protokoll hauptsächlich dazu, gewisse Veranstaltungen zu dokumentieren (ein späteres Rückgreifen auf die vergangenen Diskussionen usw. wird dadurch möglich). Innerhalb eines Seminars gewährleistet ein jeweils zum Sitzungsbeginn verlesenes oder vorgelegtes Protokoll die notwendige Arbeitskontinuität (Anknüpfen an die letzte Sitzung).

Thesen-Referat

Das Thesenreferat oder -stenogramm ist seiner Konzeption nach dem Protokoll verwandt. Nur bezieht es sich nicht auf eine Diskussion, sondern auf einzelne Aspekte oder Positionen der Quellen bzw. der Sekundärliteratur — oder auf systematische, aber sehr begrenzte Fragestellungen. Es kann dabei einmal dem Ergebnisprotokoll, ein anderes Mal dem Verlaufsprotokoll näherstehen. Im ersten Fall wird z. B. die methodische Position eines Forschers kurz resümiert; im anderen wird dagegen der Aufbau und die Argumentationsführung einer speziellen Arbeit schrittweise — wenn auch komprimiert — nachgezeichnet.

Thesenstenogramme ersetzen in der hochschuldidaktischen Praxis immer stärker die traditionelle Form des „großen" Referats (vgl. unten). Diesem gegenüber zeichnet sich das Thesenreferat unter folgenden Aspekten aus:

1. Es überfordert den Studierenden nicht durch eine weitgespannte systematische Aufgabe, sondern regt durch eine präzise Fragestellung die vertiefte Erarbeitung eines wenn auch begrenzten Gebietes an.
2. Es läßt sich besser in Studienveranstaltungen integrieren und schafft eine günstige Verbindung von Eigenstudium und Gruppendiskussion. Wegen seiner Kürze kann es sowohl jedem Teilnehmer vorgelegt werden (Vervielfältigung) als auch mündlich vorgetragen werden, ohne die Zuhörer zu ermüden (— was beim großen Referat kaum zu vermeiden ist). Die Diskussion gewinnt andererseits dadurch, daß die Thesen als qualifizierte Diskussionsbeiträge eingebracht werden (besonders günstig: mehrere sich ergänzende oder kontrastierende Thesenreihen in einer Sitzung).
3. Es kann als effektives Training *mündlichen Vortrags* verstanden wer-

den – und zwar nicht nur, weil es selbst u. U. mündlich vorgetragen wird. Bereits die Erarbeitung einer Thesenreihe erfordert die Fähigkeit, vorgegebenes Material kritisch auszuwerten und schließlich verkürzt, aber nicht verfälschend wiederzugeben. Die gleiche Fähigkeit ist u. a. für mündliche Prüfungen von manchmal ausschlaggebender Bedeutung.

"paper"

Mit neuen hochschuldidaktischen Erwägungen entstehen auch neue Typen schriftlicher Arbeit. So wird neuerdings recht häufig der englische Begriff "paper" verwendet. Er bezeichnet Arbeitsmaterialien, die einer Studienveranstaltung (Vorlesung, Seminar, Gruppenarbeit) zugrunde gelegt werden oder aus einer solchen Veranstaltung resultieren. Beispiele: Ein Dozent legt allen Teilnehmern seiner Vorlesung ein "paper" vor, das Verständnis und Mitarbeit der Studenten erleichtern soll. Oder eine Studentengruppe, die im Rahmen eines Seminars Teilfragen selbständig bearbeitet hat, berichtet in einem "paper" dem Gesamtseminar (Plenum) über die Ergebnisse, den Verlauf und die ungelösten Probleme der Gruppenarbeit.

Das "paper" selbst kann aus mehreren unterschiedlichen Bestandteilen in loser Anordnung bestehen: z. B. Primärtexte (Quellen), Auszüge aus der Sekundärliteratur, Literaturhinweise (Bibliographie), Gliederungen (besonders bei einem Vorlesungs-"paper"), Protokolle einzelner Diskussionen, Thesen und Ergebniszusammenfassungen.

In jedem Fall ist das "paper" eine sehr offene, als vorläufig zu verstehende Dokumentationsform: ein Arbeits*mittel* im genauen Sinn des Wortes. Man wird (vor allem in formaler Hinsicht) deshalb weniger strenge Anforderungen stellen als an ein Referat oder eine Examensarbeit (lockerer Aufbau, vorläufige Formulierungen usw.).

Unbedingt erforderlich ist allerdings, daß das "paper" vervielfältigt und jedem Teilnehmer zur Verfügung gestellt wird.

Referat – Examensarbeit – Dissertation

Die traditionelle Form der schriftlichen Arbeit ist das Referat, das der Studierende meist im Zusammenhang eines Seminars anfertigt. Nach

Art und Anlage ist es bereits eine wissenschaftliche Publikation, nur im verkleinerten Maßstab: gefordert ist im allgemeinen die erschöpfende Bearbeitung eines speziellen Themas, besonders aber die Aufarbeitung der einschlägigen Sekundärliteratur. Das Referat umfaßt in der Regel zehn bis zwanzig, manchmal auch mehr Seiten und hat auch äußerlich-formal den erhöhten Ansprüchen, die man an eine wissenschaftliche Publikation stellt, zu genügen (Gliederung, Formulierung, Zitierweise usw.).

Aus hochschuldidaktischer Sicht ergeben sich heute jedoch gegenüber dem Referat bestimmte Bedenken: der Student wird einerseits durch die gestellte Aufgabe (Literatur-Aufarbeitung) oft überfordert; zum anderen ist das Referat eine einsame und der Kommunikation schwer erschließbare Arbeitsform. Typisch ist etwa der ermüdende Vortrag eines Referats in der Seminarsitzung, durch den die Diskussionszeit stark beschnitten wird und keine lebhafte Debatte aufkommen kann, weil die Zuhörer dem Referenten, der auf seinem Gebiet einen beträchtlichen Informationsvorsprung hat, oft ,,ausgeliefert'' sind. Immer mehr wird das Referat daher durch die genannten Formen des ''paper'' oder ,,Thesenstenogramms'' ersetzt. Diese letzte Form bedeutet zugleich eine Rückbesinnung auf die ursprüngliche Bedeutung von ,,Referat'' (referieren = über etwas bereits Vorgeformtes berichten, z. B. über ein Werk der Sekundärliteratur).

Trotz dieser Bedenken wird man auf die traditionelle Form des Referats nicht völlig verzichten können. Sein größter Nutzen liegt wohl darin, daß es die Darstellungsformen einübt, die zum Studienabschluß in der Examensarbeit, Doktorarbeit usw. verlangt werden. Diese Arbeiten sollen den Nachweis erbringen, daß der Verfasser entweder eine wissenschaftliche Fragestellung selbständig und unter Auswertung der Forschungsliteratur darstellen und lösen kann (Staatsexamensarbeit), oder daß er wichtige neue Fragestellungen formuliert und einen substantiellen Beitrag zur Forschung leistet (Doktorarbeit).

Im folgenden sollen nun – zum Abschluß der charakterisierten Formen wissenschaftlicher Arbeiten – einige Hinweise für die Konzeption, Abfassung und äußere Anlage solcher größeren Arbeiten (Referat, Examensarbeit, Dissertation) gegeben werden.

Das Rohmanuskript (oder Konzept) ist der erste Versuch, das erarbeitete Material und die an ihm gewonnenen Erkenntnisse, Interpretationen usw. zusammenhängend darzustellen. Grundlage ist also vor allem die Materialkartei, die ja sowohl Exzerpte aus Quellen und Sekundärliteratur als auch eigene Notizen, Stellungnahmen, Formulierungen enthält.

Gliederung

In vielen Fällen ist in der — am jeweiligen Gegenstand orientierten — Ordnung der Materialkartei (Schlagwortsystem) bereits eine mögliche Gliederung der Arbeit vorgezeichnet. Diese Gliederung ist zu präzisieren, wenn man die erarbeiteten Materialien auf ihren Stellenwert für das jeweilige Thema hin überprüft.

Die *Gliederung* der Arbeit sollte vor der Textfassung erstellt werden. Sie kann dann einen Rahmen abgeben und vor dem Sich-Verlieren in abseitigen Detailfragen bewahren. In der Reinschrift (vgl. unten) erscheint die Gliederung als Inhaltsverzeichnis. Das Gliederungsschema kann sich oft an dem des herkömmlichen Aufsatzes orientieren (Einleitung-Hauptteil-Schluß). Allerdings sollten nicht diese Begriffe selbst, sondern sachliche, thematisch gefaßte Überschriften gewählt werden (keine ganzen Sätze). Hüten sollte man sich vor allzu weit ausholenden Einleitungen, aber auch vor zwanghaft harmonisierenden Schlüssen. In vielen Einzelfällen wird es möglich, ja erforderlich sein, von dieser ,,klassischen" Dreigliederung abzugehen: etwa wenn die Behandlung des Themas zu mehreren gleichwertigen ,,Hauptteilen" führt. Grundsätzlich sollten daher immer die Erfordernisse des Gegenstandes, d. h. die Struktur des jeweils behandelten Themas die Gliederung prägen. Abstrakte Formvorschriften müssen als reine Hilfskonstruktionen dann zurücktreten.

Um die Gliederungsstruktur leicht durchschaubar zu machen, stellt man den einzelnen Punkten Ziffern bzw. Buchstaben voran. Zur Kennzeichnung der drei Teile verwendet man meist römische Ziffern, die nächste Untergliederung (Kapitel des Hauptteils) wird durch arabische

Ziffern gekennzeichnet. Einzelne Abschnitte in einem Kapitel erhalten Kleinbuchstaben. – Auch dieь sind nur mögliche Verfahrensweisen, die man ebensogut durch andere ersetzen kann. Vielfach wird heute schon das Prinzip der „Dezimalklassifikation" verwendet, das eine Gliederung nur durch arabische Ziffern strukturiert. Vgl. dazu das folgende Beispiel:

Die „Pädagogische Provinz" in Goethes Roman
„Wilhelm Meisters Wanderjahre"

I.   Die Begriffe „Bildung" und „Erziehung" bei Goethe

II.   Das Menschenbild der „Pädagogischen Provinz"
    1. Die Bedeutung der „drei Ehrfurchten"
    2. Die Erziehungsmittel der „Pädagogischen Provinz"
      a) Das Geheimnis
      b) Die Autorität
    3. Spezialisierung und Vielseitigkeit

III.   Aktuelle Aspekte von Goethes „Bildungslehre"

Unter Verwendung des Dezimalsystems sähe die gleiche Gliederung folgendermaßen aus:

1   Die Begriffe „Bildung" und „Erziehung" bei Goethe

2   Das Menschenbild der „Pädagogischen Provinz"
2.1   Die Bedeutung der „drei Ehrfurchten"
2.2   Die Erziehungsmittel der „Pädagogischen Provinz"
2.21   Das Geheimnis
2.22   Die Autorität
2.3   Spezialisierung und Vielseitigkeit

3   Aktuelle Aspekte von Goethes „Bildungslehre"

Typische Schlußformen sind einmal der *Ausblick,* der das behandelte Problem in einen übergreifenden Bezug (historischer, systematischer Art o. ä.) rückt, zum andern die *Zusammenfassung,* die die wichtigsten Ergebnisse der Arbeit (ohne Details, Belege, Zitate usw.) resümiert.

Rohmanuskript

Im Rahmen der Gliederung wird dann das *Konzept (Rohmanuskript)* erstellt. Äußerlich sollte es — gerade wegen seiner Vorläufigkeit — sehr sorgfältig und zugleich großzügig angelegt sein. Blätter im DIN A 4 - Format werden mit der Schreibmaschine beschrieben, wobei man die Hälfte der Blattbreite (rechts) als Randstreifen für die zahlreich zu erwartenden Korrekturen, Änderungen, Zusätze, Streichungen, Arbeitsbemerkungen usw. freihält. Exzerpte (z. B. längere Quellenzitate) können aus der Materialkartei oder als Fotokopie direkt ins Konzept eingeklebt werden — was nicht nur Abschreibarbeit erspart, sondern auch Abschreibfehler vermeiden hilft. Erst in der Reinschrift müssen dann auch derartige Zitate maschinenschriftlich erscheinen. — Wichtig ist es, die Konzeptblätter laufend durchzunumerieren und bereits durch die Zwischentitel (aus der Gliederung) zu strukturieren.

Für die *Abfassung des Textes,* d. h. also für die gedankliche Durchdringung und sprachliche Darstellung des jeweiligen wissenschaftlichen Problems, kann man nur wenige — und notgedrungen sehr allgemeine — Ratschläge geben. Die entscheidenden Qualitäten einer Arbeit, wie z.B. logischer Aufbau, nachvollziehbare Argumentation, „erhellende" Darstellung auch schwieriger Zusammenhänge, unprätentiöse Sprache, Übersicht über die Forschungssituation, deren kritische Beurteilung, schließlich originelle Denk- und Lösungsansätze — diese Qualitäten lassen sich nicht aus allgemein gültigen Regeln ableiten, sondern sich nur am jeweiligen Thema erarbeiten. Sie lassen sich allerdings in gewissem Maße durch „Training" erwerben.

Diese Einschränkungen gelten vor allem auch für die sprachliche Darstellung im engeren Sinne. Für „gutes" Schreiben gibt es kein „Patentrezept". Allenfalls kann man den eigenen Stil durch Übung und durch die Lektüre vorbildlicher Stilisten verbessern (sie sind, wie man zugeben muß, selbst unter anerkannten Fachwissenschaftlern eher die Ausnahme als die Regel). Zu beachten ist immerhin, daß die wissenschaftliche

Prosa ihre eigenen Erfordernisse hat, die sie von dichterischer wie auch von journalistischer Sprache trennen. Die Zwei- oder Mehrdeutigkeit, in der Literatur ein wichtiges und reizvolles Stilmittel, sollte aus der Wissenschaftssprache verbannt sein. Diese ist geprägt durch Sachlichkeit und Klarheit, verzichtet auf vordergründige Effekte ebenso wie auf leeres Pathos oder umgangssprachliche Elemente.

Wichtiger als „eleganter Stil" ist die Präzision, d. h. der Informationswert einer Formulierung. Was vor Jahren noch als positiv bewertet wurde: „Einfühlung" in ein Werk / einen Autor und Anpassung an dessen Stil („Über Hölderlin wie Hölderlin schreiben . . ."), wird heute negativ gesehen: als Zeichen für die Unfähigkeit, zum Forschungsgegenstand kritische Distanz zu wahren. Wenig wünschenswert ist freilich auch die Angleichung an einen veralteten „Wissenschaftsstil", der sich vor allem durch Trockenheit auszeichnet.

Im folgenden werden „Zwölf Regeln für die Abfassung textanalytischer Referate" von Bernhard Asmuth aufgeführt. Sie versuchen — bei aller eingestandenen Schwierigkeit des Vorhabens — einige Kriterien für die gedankliche und sprachliche Form von schriftlichen Arbeiten (speziell: Interpretationen, Textanalysen) zu entwickeln. Vollständigkeit wird nicht beansprucht.

Zwölf Regeln für die Abfassung textanalytischer Referate

1. Anders als beim Schulaufsatz geht es bei einer wissenschaftlichen Arbeit nicht um die Bedeutung der Literatur „für mich", sondern *objektiv* um die Literatur an sich oder ihren allgemeinen gesellschaftlichen Bezug. Von sich selbst sollte der Referent möglichst absehen. Das erfordert keinen völligen Verzicht auf die Ichform, aber doch Zurückhaltung.

2. Halbe Informationen („meines Wissens") sind zulässig, wenn erschöpfende Recherchen nicht zumutbar oder unmöglich erscheinen. Ähnliches gilt für *Vermutungen,* die allerdings objektiv formuliert werden sollten („dürfte", „vielleicht", „sei es . . . sei es"). Subjektive Vorsichtsformeln („nach meiner Ansicht", „gleichsam"), die nur Unsicherheit dokumentieren, ersetzen nicht die auch hier möglichen Argumente. Wirklich hilfreich sind Vermutungen im übrigen nur als Motor zu weiteren Ergebnissen.

3. Vorsicht bei *Werturteilen!* Der literarische Geschmack unterliegt wie die Kleidermode dem Wandel. Betrachten Sie ältere Texte gerechterweise zunächst durch die Brille der Zeitgenossen. Bedenken Sie die zeit- und gruppenspezifischen Bedingungen damaliger und späterer Stellungnahmen wie auch Ihres eigenen Urteils.

4. Das *Thema* ist genau zu beachten, Wort für Wort zu prüfen und gegen Nachbargebiete klar abzugrenzen. Bei möglichen Mißverständnissen frage man den Seminarleiter. Sorgen Sie vor der eigentlichen Bearbeitung für eine möglichst vollständige Erfassung des Materials. Bei Überlastung lieber das Thema einschränken!

5. *Fragen und Unterscheiden* sind die Haupttätigkeiten des kritischen Geistes. Schlüsseln Sie das Thema bzw. das Material in dieser Weise von den verschiedensten Gesichtspunkten her auf. Eine differenzierte Erfassung von Nuancen ist plakativen Pauschalergebnissen vorzuziehen.

6. Fach*begriffe* (z. B. Ironie, Metapher) werden häufig falsch oder ungenau gebraucht. Jeden verdächtigen Begriff vor seiner Verwendung klären, etwa mit Wilperts „Sachwörterbuch"! Andererseits sind Begriffsdiskussionen in der Art mancher Oberstufenaufsätze im Referat selbst meist überflüssig. Die meisten für Anfänger problematischen Begriffe sind objektiv problemlos.

7. Ebenso unnötig sind oft *methodische Bemerkungen,* besonders wenn sie nicht der Darbietung des Materials, sondern dem vorangehenden, meist ganz anders strukturierten Erarbeitungsprozeß gelten. Sagen Sie nicht umständlich, was Sie tun wollen, sondern tun Sie es. Zumindest empfiehlt sich für solche Regiehinweise äußerste Knappheit.

8. Versuchen Sie bei der Textanalyse der Hauptgefahr der bloßen *Paraphrase* (Wiedergabe des Inhalts mit anderen Worten) zu entgehen.

9. *Belegen* Sie Ihre Ergebnisse durch Textstellen, eventuell durch bloße Stellenangabe ohne ausdrückliches Textzitat. Viele Referenten garnieren allerdings ihre Arbeiten mit Zitaten, ohne daß diese ihre Behauptungen wirklich stützen. Zu achten ist also auf die logische Entsprechung von Beleg und Deutung. Reißen Sie im übrigen die Belege nicht ungeprüft aus ihrem Kontext, sondern berücksichtigen Sie die durch Rollensprecher (z. B. im Drama) oder Stellenwert mögliche Relativierung.

10. Meiden Sie die bloße *Eindrucksbeschreibung* von Texten („ansprechend", „poetisch", „pathetisch", „geistreich"). Führen Sie Ihre Eindrücke vielmehr auf objektiv (z. B. grammatisch) greifbare Fakten zurück.

11. Wer von formalen Details ausgeht, sollte es umgekehrt nicht bei deren Benennung bewenden lassen. Notwendiges Pendant ist allerdings nicht der persönliche Eindruck, sondern die Frage nach der *Funktion* der Formelemente. Zu prüfen wäre auch, ob sie auf überindividuelle (Gattungsgesetze, Zeitklischees) oder individuelle Faktoren (Eigenschaften, Absichten des Autors) zurückgehen.

12. *Sekundärliteratur* sollte man erst nach Entwicklung eigener Vorstellungen zum Text heranziehen. Im Referat selbst ist ihre Benutzung auf Schritt und Tritt, etwa in Anmerkungen, nachzuweisen. Das Literaturverzeichnis am Ende der Arbeit allein reicht nicht aus.

Reinschrift

Auch für die formale Gestaltung des endgültigen Typoskripts sind einige Regeln zu beachten, die die Übersichtlichkeit und Einheitlichkeit einer Arbeit garantieren sollen. Weiße DIN A 4-Blätter werden einseitig mit der Schreibmaschine beschrieben, numeriert (auf der ersten *Text*seite beginnend) und sollten links einen Korrekturrand von ca. 5 cm erhalten. Normaler Text wird mit 1 1/2-fachem Zeilenabstand geschrieben. Engzeilig hingegen schreibt man *Zitate* von mehr als vier Zeilen, sowie *Exkurse* (weniger wichtige oder abschweifende Textpartien, etwa Inhaltsangaben behandelter Werke) und *Fußnoten* bzw. Anmerkungen. Von diesen engzeiligen Passagen werden die Zitate durch einige Leeranschläge *eingerückt* (vgl. Beispiele unten).

Titel und Deckblatt

Bei Referaten, Staatsexamensarbeiten ist die genaue Titelformulierung meist durch Absprache mit dem Dozenten festgelegt. In anderen Fällen wird man einen Arbeitstitel nach endgültiger Fertigstellung noch präzisieren, verändern wollen (z. B. auch für die Drucklegung einer Dissertation). Sinnvoll ist es meist, Ober- und Untertitel zu formulieren. Der

Obertitel wird entweder den konkreten Untersuchungsgegenstand benennen oder aber versuchen, Gang und Ergebnis der Arbeit in einer wirkungsvollen Formel zu komprimieren. Entsprechend muß der Untertitel im zweiten Fall den konkreten Gegenstand bezeichnen, während er im ersten Fall methodische und formale Aspekte der Untersuchung andeutet. Erstes Beispiel:

Erika Salloch: Peter Weiss' Die Ermittlung. Zur Struktur des Dokumentartheaters. Frankfurt am Main 1972.

Zweites Beispiel:

Horst Albert Glaser: Die Restauration des Schönen. Stifters „Nachsommer". Stuttgart 1965.

Das Deckblatt eines Referats sollte neben dem Namen des Verfassers auch dessen Semesterzahl, sodann den Titel der Arbeit und schließlich die Veranstaltung (Seminar, Übung o. ä.) aufführen, in deren Rahmen die Arbeit angefertigt wird. Für die Titelblätter von Examensarbeiten, Dissertationen u. ä bestehen meist genaue Vorschriften der jeweiligen Prüfungsämter, die zu befolgen sind.

Das Deckblatt eines Referats kann etwa wie folgt beschriftet werden:

Proseminar Dr. Meyer, WS 1970/71: „Heinrich Mann"

DIEDERICH HESSLINGS „AUTORITÄRER CHARAKTER"

Sozialpsychologische Aspekte
in Heinrich Manns Roman „Der Untertan"

Angelika Bergmann, 7. Semester (Germanistik, Soziologie)
6 Frankfurt-Sachsenhausen, Textorstraße 102

Inhaltsverzeichnis

Die auf das Deckblatt folgende Seite (noch unnumeriert) bringt das
Inhaltsverzeichnis. Darunter versteht man die aus dem Rohmanuskript
übernommene Gliederung, deren Einzelpunkte jetzt allerdings mit den
entsprechenden Seitenzahlen des endgültigen Typoskripts versehen
werden müssen. Ein Ausschnitt aus der oben angeführten Gliederung,
jetzt als Inhaltsverzeichnis:

Die Formulierungen des Inhaltsverzeichnisses müssen *im Text* auf
den entsprechenden Seiten als *Zwischentitel* wieder auftauchen, um
den Gesamtgang der Arbeit für den Leser durchschaubar zu halten.
Auf S. 7 des Beispiels also:

2. Die Erziehungsmittel der „Pädagogischen Provinz"

   a) Das Geheimnis

Zitate und Fußnoten

In der Gestaltung des fortlaufenden Textes tauchen vor allem zwei
Schwierigkeiten auf: Zitate und Fußnoten (Anmerkungen). Zitate
sind wörtliche Übernahmen aus einem fremden Text, sei es eine Quelle

oder ein Werk der Sekundärliteratur. Zitate sollten *direkt* und *genau* wiedergegeben werden. Direkt: man zitiert aus dem originalen Publikationsort, nicht aus einem Beitrag, in dem die fragliche Stelle selbst schon als Fremdzitat erscheint. Ist der Rückgang auf die Originalquelle einmal nicht möglich (bei Handschriften, seltenen Drucken), so wird aus „zweiter Hand" zitiert und dies in der betreffenden Fußnote mit dem Zusatz „Zitiert nach" vermerkt. Genau: Zitate sollen ohne jede Abweichung von ihrer originalen Erscheinungsform übernommen werden. Besonders bei Primärtexten ist es wichtig, auf zuverlässige Ausgaben (Vgl. oben S. 23f) zurückzugreifen. Veraltete Schreibweisen, Zeichensetzung usw. dürfen nicht „modernisiert" werden. Wichtig ist es weiterhin, den Zusammenhang zu beachten, in dem eine Textstelle im Original erscheint.

Wörtliche Zitate stehen in doppelten Anführungszeichen. Enthalten sie ein *weiteres Zitat,* so wird dies in *einfache* Anführungszeichen gesetzt — wie im folgenden Textausschnitt aus einem Referat:

In diesem Zusammenhang schreibt Walter Hinck:

> „Zwillingsgeschwister sind Ballade und Episches Theater vor allem als zwei Dichtungsformen, in denen die Gattungsgesetzlichkeiten aufeinanderstoßen. Wie an der Ballade alle ‚drei Grundarten der Poesie' (Goethe) teilhaben, so treffen sich in Brechts Dramen- und Theaterform dramatische mit den epischen und [. . .] lyrischen Elementen [. . .]."[1]

Der Versuch, diese gattungsspezifischen Elemente zu definieren

----

1 Walter Hinck: Die deutsche Ballade von Bürger bis Brecht. Kritik und Versuch einer Neuorientierung. Göttingen 1968. S. 147.

Längere Zitate werden engzeilig geschrieben und eingerückt (vgl. oben); im Druck erscheinen sie in kleinerer Schrift (in solchen Fällen kann man auf die doppelten Anführungszeichen verzichten). Werden innerhalb des

Zitats unwichtige Stellen weglassen, so steht das Kürzungszeichen [...].
Ergänzungen in einem Zitat werden ebenfalls in eckige Klammern gesetzt
und u. U. durch Hinzufügen der eigenen Namensinitialen gekennzeichnet. Die wörtlichen Zitate, aber auch sinngemäße Entlehnungen oder
bloße Verweise auf Äußerungen anderer Autoren werden durch Fußnoten (Anmerkungen) ausgewiesen. Diese Fußnoten sind durch hoch-
gestellte Ziffern im Text markiert, die sich am Fuß der Seite unter dem
Strich wiederholen. Die Anmerkungen geben also den Fundort des jeweiligen Zitats genau an, können darüber hinaus aber auch zusätzliche
ja abschweifende Erklärungen enthalten, wie im folgenden Beispiel:

Geistige und körperliche Arbeit stehen nebeneinander, wie es die
Wortschöpfung von den „reitenden Grammatikern"[1] [Hervor-
hebung nicht original – J.V.] zeigt. Doch auch als Ergänzung des
Nützlichen durch das nur Schöne[2] kann der Ausbildungsgang ge-
deutet werden. Unter diesem Aspekt der Ergänzung stehen ...

_ _ _ _ _ _ _ _ _ _

1 Wanderjahre, S. 246 f. Dieser Aspekt wird von Flitner als schon
  für Rousseau bedeutsam erwähnt (Die pädagogische Provinz.
  S. 217).
2 Flitner nennt es „nothaften Lebenskampf" und „ernstes Spiel"
  (ebd. S. 216.)

Die *erstmalige* Erwähnung eines verwendeten Titels geschieht als bibliographisch *vollständige Titelangabe* (vgl. im vorletzten Beispiel die Arbeit
von Hinck). Taucht ein Titel dann nochmals in Fußnoten auf, so genügt ein Kurztitel, der allerdings nicht zu Verwechslungen führen darf.
In diesem Sinne wird im letzten Beispieltext zitiert:

Flitner: Die pädagogische Provinz. S. 217

statt:

Wilhelm Flitner: Die pädagogische Provinz und die Pädagogik Goethes in den „Wanderjahren". In: Die Erziehung 16 (1941) S. 217.

Zu beachten ist in diesem Zusammenhang, daß bei der Namensnennung in Fußnoten (wo keine alphabetische Reihenfolge vorliegt) Vornamen und Nachnamen ohne Umkehrung erscheinen.

Wenn der Autor einer zitierten Stelle bereits oben im Text genannt oder sonst eindeutig ist, so kann sein Name in der Fußnote fehlen — also:

Wanderjahre. S. 246 f.

statt:

Johann Wolfgang von Goethe: Wilhelm Meisters Wanderjahre. Goethes Werke. Hamburger Ausgabe in 14 Bdn. Hrsg. v. Erich Trunz. 8. Bd. 5. Aufl. Hamburg 1961. S. 246 f.

Die Seitenangabe „246 f." bedeutet: Seite 246 und die folgende (= 247); das Zitat erstreckt sich also über zwei Seiten. Entsprechend heißt „S. 246 ff.": Seite 246 und die folgenden (unbestimmte Zahl).

Beziehen sich zwei aufeinanderfolgende Fußnoten auf den gleichen zitierten Text, so kann (wie im Beispiel oben) der zweite Titelnachweis ersetzt werden durch den Verweis „Ebd. S. . . . " (ebenda). Zu vermeiden ist dagegen die gebräuchliche, aber leicht zu Mißverständnissen führende Abkürzung „a.a.O." (am angegebenen Ort) nach dem Autorennamen (z. B. Brecht a.a.O.). Sie ist unbrauchbar, wenn von einem Autor zwei oder mehr Texte benutzt werden; und selbst im anderen Fall bereitet sie dem Leser unnötige Mühe, der oft weit zurückblättern muß, um den „angegebenen Ort" zu ermitteln. Deshalb sollten — wie oben demonstriert — prinzipiell Kurztitel verwendet werden.

Literaturverzeichnis

Die Verwendung von Kurztiteln in Fußnoten usw. ist möglich, da jede Arbeit durch ein Verzeichnis der benutzten Literatur abgeschlossen

---

wird, dem die exakten bibliographischen Daten jedes Titels entnommen werden können. Es sollte alle Schriften aufführen, die für die eigene Arbeit von Bedeutung waren: solche, aus denen zitiert wurde, aber auch solche, die nur ,,anregend" gewirkt haben. Meist ist es sinnvoll, das Verzeichnis zu unterteilen. Es werden aufgeführt:

1. die benutzten Quellen (Primärliteratur),
2. die wissenschaftlichen Hilfsmittel (Sekundärliteratur).

In manchen Fällen mag es zweckmäßig sein, die Sekundärliteratur nochmals in zwei Gruppen zu gliedern: a) allgemeine Literatur (z. B. Literaturgeschichten), b) spezielle Literatur (zu einem Autor).

Jeder Teil wird in sich alphabetisch nach den Familiennamen der Autoren (bei anonymen Werken: nach den Titeln) geordnet. Allerdings sollte auch hier das Gesetz der jeweiligen Sache wichtiger sein als formale Vorschriften. In manchen Fällen mag es sinnvoll erscheinen, die Literatur nach anderen Prinzipien (etwa nach Sachgebieten oder auch chronologisch) anzuordnen — was man freilich nur am Einzelfall entscheiden kann.

Wenn die Literatursammlung insgesamt sorgfältig erfolgt ist, muß zur Anfertigung des Literaturverzeichnisses schließlich nur noch die Kartei der benutzten Werke (Titelkartei) übertragen werden.

Abkürzungsverzeichnis

Grundsätzlich gilt: Abkürzungen sollten nur dann verwandt werden, wenn sie nicht die Verständlichkeit und Lesbarkeit beeinträchtigen. Aus diesem Grunde sollten auch Buch- und Zeitschriftentitel lediglich bei häufiger Zitation abgekürzt werden. Bei nur einmaliger Nennung sind die Titel ungekürzt anzuführen.

Die folgende Übersicht enthält eine Auswahl der gebräuchlichsten und häufigsten Abkürzungen. In der Regel schließen sie mit einem Punkt. Dieser kann entfallen, wenn der letzte Buchstabe des abgekürzten Wortes erhalten bleibt (z. B. „Bd" und „Bde").

Der Einfachheit wegen empfiehlt es sich jedoch, *alle* Abkürzungen mit einem Punkt zu versehen. Treffen zwei Punkte aufeinander — aufgrund der vorgeschlagenen Zitierweise, die die einzelnen Teile einer Titelangabe durch Punkt trennt — so entfällt einer davon.

Im folgenden sind auch Abkürzungen angeführt, die heute nicht mehr gebräuchlich sind, deren Kenntnis für die Lektüre älterer wissenschaftlicher Arbeiten jedoch wichtig ist. Verzichtet wurde teilweise auf Abkürzungen, die leicht aus dem Kontext zu erschließen sind, wie etwa: ausgew., durchges., bed. verm. (= ausgewählt, durchgesehen, bedeutend vermehrt).

Abdr.	Abdruck
Abh.	Abhandlung
a.a.O.	am angegebenen Ort
Anh.	Anhang
Anm.	Anmerkung
Aufl.	Auflage
Ausg.	Ausgabe
Bd./Bde.	Band/Bände
bearb.	bearbeitet
Beih.	Beiheft
Beil.	Beilage
Bibl.	Bibliothek
Bl.	Blatt/Blätter
ders.	derselbe
Diss.	Dissertation
EA	Erstausgabe
ebd.	ebenda, d. h. an gleicher Stelle (ibidem)
ed./Ed.	ediert/Edition
erl.	erläutert
ersch.	erschienen
erw.	erweitert
Faks.	Faksimile
f.	(und) folgende
ff.	(und) folgende (Plural)
Fußn.	Fußnote
gedr.	gedruckt
H.	Heft
Hs.	Handschrift
Hss.	Handschriften
Hrsg. oder Hg.	Herausgeber
hrsg. oder hg.	herausgegeben

ibid.	ibidem (= ebenda)	Slg.	Sammlung
		S.	Seite
Jb.	Jahrbuch	s.o.	siehe oben
Jg.	Jahrgang	s.u.	siehe unten
Jh.	Jahrhundert	Sp.	Spalte
		Suppl.	Supplement
Kap.	Kapitel		
		T.	Teil
Lfg.	Lieferung	Tab.	Tabelle
loc. cit.	loco citato		
	(= an der angebenen Stelle)	u.a.	und andere/unter anderem
		u.ä.	und ähnliche(s)
Ms. (Mss.)	Manuskript(e)	u.ö.	und öfter
masch.	maschinenschriftlich	Übers.	Übersetzer
oder masch.-schr.		übers.	übersetzt
N.F.	Neue Folge		
o.O.	ohne Ort	Verf.	Verfasser
o.J.	ohne Jahr	verf.	verfaßt
o.O.u.J.	ohne Ort und Jahr	Verl.	Verlag
Orig.	Original	veröff.	veröffentlicht
		Verz.	Verzeichnis
p.	pagina, page (= Seite)	V.	Vers
publ.	published		
		Z.	Zeile
rev.	revidiert	Zs./Zt.	Zeitschrift
		zsgest.	zusammengestellt

Arbeitsvorschläge

1. Ermitteln und zitieren Sie mit Hilfe eines Spezialnachschlage-
   werks die *historisch-kritischen Werkausgaben* folgender Autoren:

   a) Andreas Gryphius
   b) Johann Wolfgang von Goethe
   c) Conrad Ferdinand Meyer
   d) Franz Kafka

2. Nach welcher Ausgabe zitiert man gegenwärtig in einer wissenschaftlichen Arbeit die Werke von Thomas Mann?

3. Wann erschienen die *Erstausgaben* folgender deutscher Romane und Dramen?

   a) Johann Jakob Christoffel von Grimmelshausen:
      Der abenteuerliche Simplicissimus Teutsch
   b) Gotthold Ephraim Lessing: Emilia Galotti
   c) Friedrich Schiller: Die Räuber
   d) Gottfried Keller: Der grüne Heinrich
   e) Heinrich Mann: Der Untertan
   f) Bertolt Brecht: Leben des Galilei

4. In einem Referat über Goethes Roman „Wilhelm Meisters Lehrjahre" benutzen Sie folgende Publikationen:

   „Goethe" (3 Bde.), von Prof. Dr. Emil Staiger
   Goethe, Wilhelm Meisters Lehrjahre (Hamburger Ausgabe)
   Eberhard Lämmert: Bauformen des Erzählens
   Johann Wolfg. v. Goethe: Wilhelm Meisters Wanderjahre
   Goethe/Schiller, Briefwechsel
   „Goethe und seine Zeit", von Georg Lukács

   Welche dieser Schriften sind als „Quellen" anzusehen, welche gehören zur „Sekundärliteratur"? Fertigen Sie ein Literaturverzeichnis mit korrekten Titelangaben an.

5. Wie nennt man die Nachschlagewerke, in denen die vorhandenen wissenschaftlichen Veröffentlichungen unseres Fachgebietes registriert werden? Nennen Sie zwei solcher Werke, und erläutern Sie ihren Aufbau.

6. Beschreiben Sie die spezifischen Merkmale einer versteckten, einer periodischen, einer allgemeinen Bibliographie.

7. Das Wort „merkwürdig" hatte zur Zeit Goethes einen anderen Sinn als heute. Informieren Sie sich über den damaligen Bedeutungsstand. Geben sie Ihre Quellen genau an.

8. Wo finden Sie – von Konversationslexika abgesehen – *Kurz-biographien* deutscher Schriftsteller, Künstler, Wissenschaftler, Politiker? Ermitteln Sie die Geburts- und Todesjahre von

   a) Johann Peter Hebel
   b) Caspar David Friedrich
   c) Friedrich Ebert

9. Von welchen *bio-bibliographischen Handbüchern* erwarten Sie Sach-informationen und Literaturangaben zu folgenden Autoren?

   a) Theodor Storm
   b) Heinrich Böll
   c) Charles Dickens

10. Sie suchen eine *Kurzinterpretation* von Thomas Manns Roman „Buddenbrooks". Zwei Nachschlagewerke bieten sich an – welches würden Sie bevorzugen und warum?

11. Erklären Sie mit Hilfe des einschlägigen Fachlexikons die folgende literarischen *Sachbegriffe:*

   a) Blankvers
   b) stream of consciousness
   c) Mauerschau

12. Sie möchten sich über das *Sonett* informieren. Unter welchem Stichwort müssen Sie nachschlagen

   a) in Gero von Wilperts „Sachwörterbuch"
   b) im „Fischer-Lexikon Literatur"
   c) im „Reallexikon"
   d) in „Kindlers Literatur Lexikon"?

   Erläutern Sie, warum *verschiedene* Stichwörter in Frage kommen.

13. Informieren Sie sich über die verschiedenen Bearbeitungen des
    „Antigone"-Stoffes in der europäischen Literatur. Nennen Sie
    die Urfassung und drei moderne Versionen aus dem 20. Jahr-
    hundert.

14. Sie befassen sich mit der literarischen Form des *Essays.* In wel-
    chen Nachschlagewerken dürfte eine *einführende Darstellung*
    zu finden sein? In welcher germanistischen Buchreihe vermuten
    Sie eine *Gattungsmonographie?*

15. Charakterisieren Sie kurz die folgenden Publikationsformen:

    a) Monographie
    b) Artikel
    c) Forschungsbericht
    d) "reader"
    e) Aufsatz
    f) Biographie

16. Wo kann man kritische Beurteilungen neuester Forschungsbeiträge auf dem Gebiet der Germanistik nachlesen? Ermitteln Sie drei Arbeiten zu Max Frisch, die 1968 oder später erschienen, und vergleichen Sie ihre Rezensionen.

17. Ihr Referatthema lautet: „Die Fabel im Unterricht". Welches Handbuch verzeichnet die relevante literatur*didaktische* Sekundär-literatur? Stellen Sie eine Literaturliste zusammen.

18. Was ist und welchen Nutzen hat eine *Personalbibliographie?*

19. Es gibt zwei *Bibliographien der Personalbibliographien.* Nennen Sie sie und ermitteln Sie dort Personalbibliographien zu

    a) Heinrich von Kleist
    b) Bertolt Brecht
    c) Friedrich Dürrenmatt

20. In welchem Handbuch können Sie Literatur über „Natur und Naturgefühl" (als literarische Gegenstände) ermitteln?

21. Bilden Sie aus den folgenden Daten *korrekte Titelangaben:*

    a)   Als Band 6 der Reihe „Grundlagen der Germanistik" verlegt der Erich Schmidt Verlag in Berlin eine Untersuchung von Prof. Dr. Hermann Bausinger über „Formen der ‚Volkspoesie'" Die Reihe wird herausgegeben von Hugo Moser, wurde mitbegründet von Wolfgang Stammler. Der Band hat 291 Seiten und kostet 14,80 DM.

    b)   W. Kayser, Das sprachliche Kunstwerk, neunte Auflage.

    c)   Im Sonderheft des 38. Jahrgangs vom Oktober 1964 der „Deutschen Vierteljahrsschrift für Literaturwissenschaft und Geistesgeschichte", herausgegeben von Prof. Dr. Richard Brinkmann, Tübingen, Im Rotbad 30, und Prof. Dr. Hugo Kuhn, München 22, Veterinärstr. 2, findet sich auf den Seiten 68–169 ein Beitrag von Karl S. Guthke (Harvard University) mit dem Titel „Lessing-Forschung 1932 – 1962".

    d)   Helmut Sembdner gab im Carl Hanser Verlag München eine Gesamtausgabe der Werke Heinrich von Kleists heraus. Es existiert eine Gesamtausgabe in Taschenbuchform (dtv), die dem Text der Sembdner-Edition folgt.

22. Ein wissenschaftliches Werk liegt in mehreren *Auflagen* vor. Welche wird man im allgemeinen benutzen und warum? Ermitteln Sie beispielsweise die 1., 5. und 7. Aufl. von Hermann Helmers' „Didaktik der deutschen Sprache" und vergleichen Sie die Bestimmungen des allgemeinen *Lernziels* für den Literaturunterricht sowie die Charakterisierungen der *Fabel* in den verschiedenen Ausgaben.

23. Was bedeutet —

    a) DVjs.
    b) WB
    c) GRM (N. F.)
    d) WW

24. In welchem Jahr erschien der Zeitschriftenband mit der Bezeichnung „Euph. 35"?

25. Ermitteln Sie drei Fachzeitschriften, die sich vorrangig mit Fragen des *Deutschunterrichts* befassen. Vergleichen Sie einige Hefte und versuchen Sie, die unterschiedlichen methodischen und ideologischen Standpunkte der Zeitschriften zu skizzieren.

26. Wie unterscheiden sich die folgenden Zeitschriften?

    a) Akzente
    b) Deutsche Vierteljahrsschrift für Literaturwissenschaft und
       Geistesgeschichte
    c) LiLi
    d) Weimarer Beiträge
    e) Text + Kritik
    f) Kursbuch

27. Ermitteln Sie im Gesamtregister der Zeitschrift „Der Deutschunterricht" (Jg. 1–20; 1947 – 1968) Beiträge zur Theorie und
Didaktik des *Hörspiels*.

28. Was sind und wo erscheinen „*Forschungsberichte*"? Suchen Sie
einen Bericht über die neuere Novellen-Forschung und einen über
neue Beiträge zum Literaturunterricht.

29. Zu dem *reader* „Die Diskussion um das deutsche Lesebuch",
Darmstadt 1969, schrieb der Herausgeber Hermann Helmers
das Vorwort. Zitieren Sie den ersten Absatz auf Seite XI unter
Auslassung des zweiten Satzes. Geben Sie die Fundstellen des
Zitats in einer Fußnote an.

30. Zitieren Sie aus dem Roman „Der Untertan" von Heinrich Mann
den Beginn des vierten Absatzes im ersten Kapitel. Machen Sie
die Personalpronomina am Satzanfang durch Eingriffe in den Text
eindeutig. Belegen Sie das Zitat in einer Fußnote.

31. Zitieren Sie das Gedicht „Rudern, Gespräche" aus Bertolt Brechts „Buckower Elegien". Heben Sie darin die beiden Präsens-Partizipien graphisch hervor und machen Sie deutlich, daß diese Hervorhebung nicht etwa von Brecht selber stammt.

32. Fertigen Sie ein korrektes Literaturverzeichnis zu einem literatur-wissenschaftlichen Thema Ihrer Wahl an.

Sachregister